普通高等学校“十三五”规划教材

实验数据处理与统计

SHIYAN SHUJU CHULI YU TONGJI

郭兴家　熊 英　编

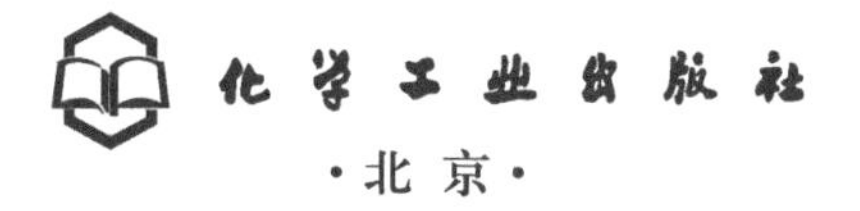

·北京·

本书主要介绍化学相关实验数据的处理与统计，内容包括实验数据常用误差和数据的处理与分析方法等，为提高实验质量和工作效率提供指导。本书可供与化学有关专业大学本科生和研究生作教材使用，也可供从事化学方面的实验技术人员参考。

图书在版编目（CIP）数据

实验数据处理与统计/郭兴家，熊英编. —北京：化学工业出版社，2019.12（2025.1重印）

ISBN 978-7-122-35799-1

Ⅰ.①实… Ⅱ.①郭… ②熊… Ⅲ.①实验数据-数据处理-高等学校-教材 ②实验数据-统计-高等学校-教材 Ⅳ.①N33

中国版本图书馆CIP数据核字（2019）第264182号

责任编辑：蔡洪伟 李 瑾　　装帧设计：王晓宇

责任校对：王佳伟

出版发行：化学工业出版社（北京市东城区青年湖南街13号 邮政编码100011）

印 装：北京科印技术咨询服务有限公司数码印刷分部

787mm×1092mm 1/16 印张 $8\frac{3}{4}$ 字数186千字 2025年1月北京第1版第5次印刷

购书咨询：010-64518888　　售后服务：010-64518899

网 址：http://www.cip.com.cn

凡购买本书，如有缺损质量问题，本社销售中心负责调换。

定 价：36.00元

前言

人们要认识世界，就要进行科学实验、就要深入分析、综合探索。 实验数据处理与统计是研究随机现象数量规律性的学科。 在化学等学科中有着广泛的应用。

科学实践证明，每项实验总伴有一定的误差，反映在所得数据上往往参差不齐。但是，这些参差不齐的数据，既然是分析对象某种性质的客观反映，就不会是“杂乱无章”的，其中必寓有反映这种性质的某些客观规律。 问题是化学分析工作者如何从这些参差不齐的数据中找出其应有的规律性，得出正确的结论，这就要求采用科学的实验数据处理方法。 这些方法可以用来准确、简练、明晰地表达分析测试结果；恰当地估计分析测试结果的可信程度。 此外，在科学实验开始以前以及在进行过程中，都需要合理设计和安排实验，进而提高工作质量和工作效率，使实验研究工作收到多快好省的效果。

本书重点介绍常用的误差与数据处理方法、方差分析、回归分析与正交试验设计等内容。 内容由浅入深，实用性很强，本书可供与化学有关专业大学本科生和研究生作教材使用，也可供从事化学方面的实验技术人员参考。 本书在编写过程中，得到了辽宁大学化学院领导的大力支持，在此一并致谢。

本书的编写，主要参照了辽宁大学化学院孙淑萍老师编写的《误差与数据处理》讲义以及其他同类相关书刊，在此表示谢意。 限于编者水平有限，加之时间仓促，书中疏漏之处在所难免，热切希望使用本书的师生和广大读者提出宝贵的意见和建议。

编者

2019 年 11 月

目录

第1章 绪论

通常实验的结果最初是以实验数据的形式表达的，这些数据通过适当的整理、分析和计算得出相应的结论。在整理实验数据时，首先应该对原始实验数据的可靠性进行客观的评定。化学实验数据通常为一系列测量值，在各种测量中，由于测量仪器和人的观察等多方面的原因，或多或少地包含着一定的误差。由于误差是随机变量，不论用多么精密的仪器也是不可避免的，因此研究误差的来源及其规律性，尽可能地减小误差，以得到准确的实验结果是非常重要的。

1.1 基本概念

1.1.1 误差的性质及分类

误差是实验测量值（包括直接和间接测量值）与真值（客观存在的准确值）之差。误差的大小，表示每一次测量值相对于真值不符合的程度。

真值是指某物理量客观存在的确定值。对其进行测量时，由于测量仪器、测量方法、环境、人员及测量程序等都不可能完美无缺，实验误差难以避免，故真值是无法测得的，是一个理想值。在分析实验测定误差时，一般可用算术平均值、均方根平均值、几何平均值和对数平均值替代真值。平均值的选择主要取决于一组测量值的分布类型，在化学实验和研究中，数据的分布一般为正态分布，故常采用算术平均值。

（1）误差的性质

① 误差永远不等于零。不管人们的主观愿望如何，也不管人们在测量过程中怎样精心细致地控制，误差还是要产生的，误差的存在是绝对的。

② 误差具有随机性。在相同的实验条件下，对同一个研究对象反复进行多次的实验、测试或观察，所得到的不是一个确定的结果。即实验结果具有不确定性。

③ 误差是未知的。通常情况下，由于真值是未知的，研究误差时，一般都从偏差入手。

(2) 误差分类

根据误差的性质及产生的原因，可将误差分为如下三种：

① 系统误差　是由某些固定不变的因素引起的。在相同条件下进行多次测量，其误差数值的大小和正负保持恒定，或误差随条件改变按一定规律变化。即有的系统误差随测量时间呈线性、非线性或周期性变化，有的不随测量时间变化。系统误差有固定的偏向和确定的规律，一般可按具体原因采取相应的措施给予校正或用修正公式加以消除。

② 随机误差　是由所选择的主要方案和已知的具体研究条件的总体所固有的一切因素引起的。在相同条件下做多次测量，其误差数值和符号是不确定的，表现为大小、符号上各不相同，可以说完全是一种偶然的无意引入的误差。但在大量重复测量时，各数据随机误差的大小和正负符合统计规律，因而它是一个随机变量。随机误差服从统计规律，其误差与测量次数有关，随着测量次数的增加，平均值的随机误差可以减小，但不会消除。所以研究随机误差可采用概率统计方法，可以发现并且定量随机误差。实验数据的精确度主要取决于这些随机误差，因此，研究随机误差具有重要意义。

③ 过失误差　是指与实际明显不符的误差，主要是由于实验人员的粗心大意，如读数错误、记录错误或操作失败所致。这类误差往往与正常值相差很大，应在整理数据时依据常用的准则加以剔除。

上述三种误差之间在一定条件下可以相互转化，例如尺子刻度划分有误差，对制造尺子者来说是随机误差；一旦用它进行测量时，这尺子的分度对测量结果将形成系统误差。随机误差和系统误差间并不存在绝对的界限。同样，对于过失误差，有时也难以和随机误差相区别，从而当作随机误差来处理。

1.1.2　准确度和精密度

准确度：表示在一定测定精密度条件下多次测定的平均值与真值相符合的程度。准确度用误差或相对误差表示。准确度是表征系统误差大小的一个量，这就是说准确度的大（高）小（低），要用误差的数值来表达。正像“长度”或“距离”与长度单位（如米或厘米等）是不同的概念一样，准确度与误差是两个完全不同的概念，绝对不应混淆。

精密度：表示多次重复测定某一量时所得测定值的离散程度。

精密度通常用标准差与相对标准差来量度。精密度是表征随机误差大小的一个量。

准确度和精密度是性质不同的两个量。精密度是保证准确度的先决条件，没有好的精密度就不可能有好的准确度，但良好的精密度并不一定有好的准确度。对于一个理想的测定结果既要求精密度好，又要求准确度好。

由于重复测定的情况不同，精密度又分为“室内精密度”和“室间精密度”。

重复性是指同一个人，在一个给定的实验室中，用一套给定的仪器，在短时期内，对某物理量进行反复测量所得结果之间的符合程度。习惯上又称为室内精密度。通常用单次测量标准差来表示：

$$S=\sqrt{\frac{\sum(X_i-\overline{X})^2}{n-1}} \tag{1.1}$$

再现性是指由不同实验室的不同人和仪器，共同对一个物理量进行测量所得结果之间的符合程度。习惯上又称为室间精密度。它由下式计算：

$$S_n=\sqrt{\frac{\sum_{i=1}^{m}\sum_{i=1}^{n}(X_{ij}-\overline{X}_i)^2}{m(n-1)}} \tag{1.2}$$

式中，m 是实验室数；n 是每个实验室重复测定的次数；$\overline{X}_i$ 是第 i 个实验室的 n 次测定的平均值；X_{ij} 是单次测定值。

在测量工作中，我们自然希望发生的系统误差和随机误差都很小，即综合误差小，从而得到精确度高的结果。精确度也称精度，它包括了精密度和准确度，反映了综合误差的大小，习惯上用相对误差的倒数表示。例如测量的相对误差为 0.01%，其精度为 $1/10^4=10^{-4}$。

1.1.3　误差与偏差

误差：是指测定值(X) 与真值(μ_0) 之差。测定值比真值大，误差为正；测定值比真值小，误差为负。误差是用来表征测定结果的准确度。误差可以以绝对误差(一般情况称为误差) 和相对误差表示。

$$绝对误差(E)=测量值(X\ 或\ \overline{X})-真值(\mu_0)$$

$$相对误差(RE\%)=\frac{测量值-真值}{真值}\times 100\%$$

相对误差也有正、负之分，但没有单位。

偏差：是指测定值与测定平均值之差。它反映了测量的精密度。测量值越集中，测量精密度越高。测量精密度常用算数平均偏差 $\overline{d}=\frac{1}{n}\sum|X_i-\overline{X}|$ 和极差 $R=X_{max}-X_{min}$，以及标准差 $S=\sqrt{\frac{\sum(X_i-\overline{X})^2}{n=1}}$ 来度量。其中最广泛使用的是标准差。标准差是偏差平方的统计平均值。与上面相对应的有相对平均偏差(d) 和相对标准差(S_r，又叫变动系数)：

$$d(\%)=\frac{\overline{d}}{\overline{X}}\times 100\%$$

$$S_r(\%)=\frac{S}{\overline{X}}\times 100\%$$

应当指出，误差与偏差具有不同意义，误差表示测量值与真值之差，偏差表示测定结果与测定平均值之差。前者以真值为标准，后者以平均值为标准。

1.1.4 总体和样本

人们所研究的对象的某特性值的全体，叫作总体，又叫母体。其中的每个单元叫作个体。对分析工作来说，在指定条件下，作无限次测量所得的无限多的数据的集合，就叫作总体，其中每个数据就是一个个体。

自总体中随机抽出的一部分个体称为样本，又叫子样，样本中所含个体(测定值)的数目 n，叫作样本容量，即样本的大小。

统计的目的是通过样本推断总体，它对抽样方法有一定的要求。这些要求是：① 样本中个体的抽取必须是相互独立的；② 总体中所有个体被抽取的机会相等。满足以上两个要求的抽样，称为简单随机抽样。这样抽得的样本称为简单随机样本。在工作中往往由于实际的理由对抽样的随机性做一定程度的限制，这样的抽样仍叫作随机抽样，但不叫简单随机抽样，这样抽得的样本仍叫随机样本，但不叫简单随机样本。

1.1.5 平均值——算数平均值

样本平均值用 $\overline{X}$ 表示：

$$\overline{X}=\frac{1}{n}\sum_{i=1}^{n}X_i=\frac{1}{n}(X_1+X_2+\cdots+X_n)$$

总体平均值(简称总体均值) 用 μ 表示：

$$\mu=\frac{1}{n}\sum_{i=1}^{n}X_i\,(n\rightarrow\infty)$$

以后把测定值和真值的差，称为真误差，$E=X-\mu_0$；把测定值与总体均值的差，称为误差 $\xi=X-\mu$；则：

$$E=X-\mu_0=(\mu-\mu_0)+(X-\mu)=B+\xi$$

真误差＝系统误差＋随机误差

前面说过，准确度是在一定精密度下，多次测量的平均值与真值相符的程度，故准确度与系统误差有关。在排除系统误差的前提下，作无限次测量求得的总体均值 μ，就是被测量的真值 μ_0，而统计处理，则主要是处理随机误差。

在测量中，真值 μ_0 实际上是得不到的；另一方面，任何测量实际上也不可能进行无限多次，所以总体均值 μ 也不是实际测量出来的，但在统计中，可以对 μ 作估计，称为总体均值的估计量，记作 $\hat{\mu}_0$。样本平均值 $\overline{X}$ 通常是总体均值 μ 的最佳估计量。然后再用实验的方法，测量并判断系统误差的大小，进行校正，才能对真值 μ_0 作出估计。

1.1.6 随机事件和随机变量

在研究、设计、生产、使用中出现的一定现象、状态、试验测试结果叫作事件。在某种条件下，一定发生或一定不发生的事件，例如“冬去春来”“蓝色石蕊试纸遇酸变红”，这样的事件称为必然事件。但也有的事件，在一定条件下，可能发生也可能不发生，这样的事件称为随机事件。随机事件的特点是：在这种事件发生之前，我们不能完全确切地指出它会发生还是不会发生。例如，任意抛掷硬币，落下时数字不是朝上、就是朝下，我们无法预言抛掷一次的结果。又如，对一批针剂进行抽样检验，一支针剂样本可能是合格的，也可能是不合格的，这样的事件叫随机事件。在一定条件下，不可能发生的事件叫作不可能事件。例如"金生锈"这是不可能事件。综上所述，必然事件和不可能事件是随机事件的两种特殊情况。

在研究、设计、生产、使用中，如果某一个量在一定条件下取某一值或某一取值范围内的值是一个随机事件，则这样的量叫随机变量。

设随机变量 X 的取值可排列为 X_1，X_2，…(这些 X_i 可以是有限多个，也可以是无限多个)，则 X 叫离散型随机变量。例如，对一批产品进行抽样检查，抽得个数为 n。则只要产品的不合格率不是零，就有可能抽得不合格产品。抽得的不合格产品数只能取 0，1，2，… 等值，所以 X 是一个离散型随机变量。

设随机变量 X 可取坐标轴上某一区间内的任一数值，则 X 叫连续型随机变量。例如，对某一产品反复独立测量多次的测定值的取值就是一种连续型随机变量。

1.1.7 频率与概率

设随机事件 A 在 n 次实践中出现了 m 次，则 m 为事件 A 的频数。比值 m/n 称为事件 A 的频率或相对频数：

$$\omega(\mathrm{A})=\frac{m}{n}=\frac{f_{\mathrm{A}}}{\sum f_i}$$

式中，f_{A} 代表事件 A 的频数；$\sum f_i$ 代表事件中各个事件的频数之和。显然，任何随机事件的频率总是在 0 与 1 之间：

$$0\leqslant\omega(\mathrm{A})\leqslant 1$$

对于必然事件来说，$m=n$，所以频率为 1；对于不可能事件来说，$m=0$，所以频率为 0。随着某一随机事件重复测定次数的增多，它的频率就逐渐稳定下来；当重复的次数非常多时，频率就逐渐接近某一个确定的数字，这个数字就是这一事件出现的概率。

$$\omega(\mathrm{A})=\frac{m}{n}=P(\mathrm{A})$$

显然，任何随机事件的概率也是在 0 与 1 之间：

$$0\leqslant P(\mathrm{A})\leqslant 1$$

所谓概率也就是在状态不变的条件下，极多个实践中，某事件 A 出现的频率。例如抛掷硬币，落下时数字朝上、朝下的概率都是 0.5。对于必然事件来说，概率为 1；对于不可能事件来说，概率为 0。随机事件的频率与事件发生的次数有关，而随机事件的概率是确定的数值，是随机事件内在规律的数学量度。随机事件的频率是其概率的随机表现。

"事件 A 出现"与"事件 A 不出现"叫作相互对立事件。A 的对立事件记作 $\overline{\mathrm{A}}$。可以理解为：

【法则Ⅰ】设事件A的出现概率为P(A)，其对立事件“A不出现”出现的概率为1－P(A)。

设事件A的出现与否与事件B的出现与否无关，则事件A与事件B叫作互相独立事件。在反复测量时，我们通常要求各次测量的结果是相互独立的，即这次测量的误差与其他各次测量误差无关。

设A、B的出现概率分别为P(A)、P(B)，则极多个实践中，大体上有百分比P(A)的情况A出现；而在百分比P(A)的情况中，又大体上有百分比P(B)的情况B出现，所以A、B都出现的概率大体上为P(A)·P(B)。故有：

【法则Ⅱ】设事件A、B的出现概率分别为P(A)、P(B)，A、B是互相独立事件，则A、B都出现的概率为P(A)·P(B)。

如果两个事件不会同时发生，则这两个事件叫作互不相容事件。

设A、B是两个互不相容事件，它们出现的概率分别为P(A)、P(B)，则极多个实践中，大体上有百分比P(A)的情况出现A，有百分比P(B)的情况出现B。由于A、B不会同时出现，所以“A、B之一”出现的情况，大体上有百分比P(A)＋P(B)。即有：

【法则Ⅲ】设A、B是两个互不相容事件，A、B的出现概率分别为P(A)、P(B)，则A、B中有一个出现的概率分别为P(A)＋P(B)。

1.2 真值，基本单位和标准参考物质

1.2.1 真值

任何测量都带有误差，所以测量不能获得真值，只能逐渐逼近真值。

我们可以知道的真值有三类：

① 理论真值：如三角形内角之和等于180°，这就是理论真值。

② 约定真值：由国际计量大会定义的单位就是约定真值。如各元素的原子量。

③ 相对真值：标准参考物质的证书上所给出的数值则是相对真值。

测量就是拿着待测之量直接或间接地与另一个同类的已知量相比较，把这个已知量定作标准单位或标准量，定出被测之量与标准单位之间的比值。

1.2.2 国际单位制（SI）的基本单位

由国际计量大会决议约定的国际单位制（SI）的基本单位有七个。

(1) 长度单位——米（m）

米是光在真空中，在1/299792458秒（s）的时间间隔内运行距离的长度（1983年）。

(2) 质量单位——千克（kg）

千克等于国际千克原器的质量（1889年）。

(3) 时间单位——秒（s）

秒等于铯133（^{133}Cs）原子基态的两个超精细能级之间跃迁的辐射周期的

9192631770 倍的持续时间（1967 年）。

（4）电流强度单位——安培（A）

安培是一恒定电流强度，保持在真空内相距 1m 的、两无限长的、圆截面极小的、平行直导线内，此电流在这两导线之间每米长度上产生的力等于 2×10^{-7} 牛顿（N）（1948 年）。

（5）热力学温度单位——开尔文（K）

热力学温度单位开尔文是水三相点的热力学温度的 1/273.16（1967 年）。

（6）物质的量的单位——摩尔（mol）

摩尔是一物系的物质的量，该物系中所包含的结构粒子数与 0.012 千克（kg）碳 12（^{12}C）的原子数相等。在使用摩尔时应指明结构粒子，它可以是原子、分子、离子、电子以及其他粒子，或是这些粒子的特定组合体（1971 年）。

（7）光强度单位——坎德拉（cd）

坎德拉为一光源在给定方向的发光强度，该光源发出频率为 540×10^{12} 赫（Hz）的单色辐射，其辐射强度沿此方向为 1/683 瓦（W）每球面度（1979 年）。

1.2.3　标准参考物质

标准参考物质通常指的是由公认的权威机构发售的，带有证书的物质，它的一种或多种特性已被确定，可以用来校准测量装置或验证测量方法。标准参考物质应具备下列条件：

① 经公认为权威的机构鉴定，并给予证书；

② 具有良好特性，如有很好的均匀性和稳定性等；

③ 具有充当测量标准的准确度水平，它的准确度至少要高于实际测量的 3 倍；

④ 能制备出一定的数量，在全国范围内满足方法验证、仪器校准、质量控制等方面的需要。

标准参考物质是由很多分析工作者用不同方法仔细分析过的。用原理上根本不同的方法，得到基本上相同的值，而各种不同的方法几乎不会有相同的系统误差，因此证书上给出的这些数值通常在一定范围内是准确的，可以当作相对真值看待，所以它可用来：

① 作参照物：标准物质与被测试样同时分析，当标准物质得到的分析结果和证书给定值在规定限度内一致，被测试样得到的结果就是可靠的。

如果标准物质的测量值 $\overline{X}_{标}$ 和证书上给定值 μ_0 有些差别，但差别并不大，则可以按照下式，用这两个数的比值作为校正系数，校正同时被测的各试样分析结果中的系统误差：

$$\frac{\overline{X}_{标}}{\mu_0}=\frac{\overline{X}_{未}}{\mu_{未}}$$

式中，$\overline{X}_{未}$ 为未知试样分析结果的平均值；$\mu_{未}$ 为未知试样被测组分的准确含量；

则 $\mu_{未}=\frac{\mu_0}{\overline{X}_{标}}\overline{X}_{未}$，但是，如果 $\overline{X}_{标}$ 和 μ_0 差别比较大，那么就应该检查各项分析实验条件(方法、仪器设备、原材料、人、环境等)，看什么地方出了问题。

② 作校准物：所有分析仪器几乎都是间接地相对测量，必须用标准物质进行校准或标定，才能测知未知试样。由于大多数分析方法都有基体效应，所以应尽可能选用与被测试样基本组成类似的标准物质，在可能的条件下，还应尽量用两种以上的标准物质绘制校准曲线，这样才能比较准确地确定未知试样的数值。

③ 作为已知试样，验证新的分析方法。

④ 用于分析质量控制与分析质量评价。

在我国，通常把标准物质叫作标准试样或标样。最常见的有冶金系统制备并发售的各种标样；中国计量科学研究院研制并发售的化学试剂、气体成分、环境监测、聚合物分子量、热化学等方面的标准物质。20 世纪 80 年代起，我国自制的各种地球化学标样及其他类型的各种标样也都陆续发售了。但是由于缺乏统一规划和技术管理，我国的标准物质在品种、数量等方面都还有待加强和提高。

1.3 有效数字及其计算规则

有效数字就是在测量中所能得到的有实际意义的数字(只作定位用的“0”除外)。记录测定数据时，用来表示测试结果的数值所表示的准确程度应与测试时所用的测量仪器及测试方法的精密度相一致。通常测定时，一般可估计到测量仪器最小刻度的十分位，在记录测定数据时，只应保留一位不准确数字，其余数字都是准确的。

有效数字是从第一位非零数字算起到末一位不确定数字在内的全部有意义的数字位数。

在记录和报告测试数据时，必须遵守以下的有效数字规则与数字修约规则：

① 在运算中弃去多余数字时，一律以“四舍六入五单双”为原则，或者按照“四要舍，六要上；五前单数要进一，五前双数全舍光”而不要“四舍五入”。

② 在有效数字的四则运算中，最后结果的有效数字中只能保留一位不确定数字。因此，在加减运算中，最后结果的有效数字的位数和参与运算的各数中小数点后位数最少的数相同，即决定于绝对误差最大的一个数据；在乘除运算中，最后结果有效数字不得超过参与运算的各数中有效数字位数最少的那个数有效数字的位数，即以相对误差最大的数据为标准，弃去过多的位数。在作乘、除、开方、乘方运算时，若第一位有效数字等于或大于 8 时，则有效数字可多计一位(例 8.03mL 的有效数字可视作四位)。

③ 在所有计算式中，常数 π、e 的数值，以及 $\sqrt{2}$、$\frac{1}{2}$ 等系数的有效数字位数，可以认为无限制，即在计算中，需要几位就可以写几位。

④ 在对数计算中，所取对数位数，应与真数的有效数字位数相等。例如，pH＝12.25 和 $[H^+]=5.6\times10^{-13}$ mol/L；$K_a=5.8\times10^{-10}$，$\lg K_a=-9.24$ 等，都是两位有

效数字。换言之，对数的有效数字位数，只计小数点以后的数字的位数，不计对数的整数部分。

⑤ 对于误差与偏差的计算在一般情况下最多只取两位有效数字。在对误差或偏差的数字修约时，是只进不舍。

1.4　加和号的运算

在今后各章中，经常使用加和号 $\sum$，现举一些实例，说明加和号的运算方法。

① $\sum_{i=1}^{n} X_i = X_1 + X_2 + \cdots + X_n$

$\overline{X} = \frac{1}{n}\sum_{i=1}^{n} X_i = \frac{1}{n}(X_1 + X_2 + \cdots + X_n)$

② $\sum_{i=1}^{n} X_i^2 = X_1^2 + X_2^2 + \cdots + X_n^2$ (1.3)

③ $(\sum_{i=1}^{n} X_i)^2 = (X_1 + X_2 + \cdots + X_n)^2$ (1.4)

注意，$\sum X_i^2 \neq (\sum X_i)^2$。

④ $\sum_{i=1}^{n} X_i \cdot Y_i = X_1Y_1 + X_2Y_2 + \cdots + X_nY_n$ (1.5)

⑤ 若 a 是常数，则：

$$\sum_{i=1}^{n} aX_i = aX_1 + aX_2 + \cdots + aX_n = a \cdot \sum_{i=1}^{n} X_i \tag{1.6}$$

⑥ $\sum_{i=1}^{n} a = a + a + \cdots + a = na$ (1.7)

由于 $\overline{X} = \frac{1}{n}\sum X_i$，即 $\overline{X}$ 是不随 i 而变的数，故：

$$\sum_{i=1}^{n} \overline{X} = n\overline{X} \tag{1.8}$$

又 $\sum_{i=1}^{n} \overline{X} = \sum_{i=1}^{n} (\frac{1}{n}\sum X_i) = n \cdot \frac{1}{n}\sum X_i = \sum_{i=1}^{n} X_i$，即：

$$\sum_{i=1}^{n} \overline{X} = n\overline{X} = \sum_{i=1}^{n} X_i \tag{1.9}$$

⑦ $\sum_{i=1}^{n} (X_i - a) = \sum_{i=1}^{n} X_i - na$ (1.10)

⑧ 设 $\overline{X} = \frac{1}{n}\sum_{i=1}^{n} X_i$

求证：$\sum_{i=1}^{n} (X_i - \overline{X}) = 0$ (1.11)

证明：$\sum_{i=1}^{n}(X_i-\overline{X})=\sum_{i=1}^{n}X_i-\sum_{i=1}^{n}\overline{X}=\sum_{i=1}^{n}X_i-n\overline{X}$

$$=\sum_{i=1}^{n}X_i-n\cdot\frac{1}{n}\sum_{i=1}^{n}X_i=0$$

由此可见，一组随机样本值对样本平均值的偏差加和等于零。

1.5 期望值的运算

所谓期望值就是无限多次实践的统计平均。期望值是理想的平均数。我们并不期望在一次给定的试验中，X 会取它的期望值；然而在大量的试验中，我们可以合理地预期，X 的平均值，将在 X 的期望值附近。

期望值的符号为〈 〉，有些书中也记作 $E()$。

方差的期望值的符号是 $\sigma^2(\ )$，有些书中记作 $D[\ ]$，或 $V_{ar}(\ )$。下面列出几个常用的运算规则。

① 若 a 是一个常数，则 $\langle a\rangle=a$。

证：$\langle a\rangle=\lim\frac{\sum a}{n}=\frac{n\cdot a}{n}=a$ (1.12)

② 若 X 是随机变量，X_i 是 X 的随机样本，则：

$$\langle X_i\rangle=\langle X\rangle=\mu=\text{总体均值} \tag{1.13}$$

③ 若 a 是一个常数，则：

$$\langle aX\rangle=a\langle X\rangle \tag{1.14}$$

④ 若 X_i 是随机变量 X 的随机样本，则：

$$\langle\sum X_i\rangle=\sum\langle X_i\rangle=\sum\langle X\rangle=n\langle X\rangle=n\cdot\mu \tag{1.15}$$

⑤ 若 X 是随机变量，X_i 是 X 的随机样本，则：

$$\sigma^2(X_i)=\sigma^2(X)=\langle(X_i-\langle X\rangle)^2\rangle=\langle(X_i-\mu)^2\rangle \tag{1.16}$$

⑥ 常数的方差等于零，$\sigma^2(a)=0$

证：

$$\because\langle a\rangle=a$$

$$\therefore\sigma^2(a)=\langle(a-\langle a\rangle)^2\rangle=\langle(a-a)^2\rangle=0 \tag{1.17}$$

⑦ 若 a 是一个常数，则：

$$\sigma^2(aX)=a^2\sigma^2(X) \tag{1.18}$$

证：$\sigma^2(aX)=\langle(aX-\langle aX\rangle)^2\rangle=\langle a^2(X-\langle X\rangle)^2\rangle=a^2\sigma^2(X)$

⑧ 若 X 和 Y 是两个随机变量，则：

$$\langle X+Y\rangle=\langle X\rangle+\langle Y\rangle \tag{1.19}$$

即，随机变量之和的期望值等于各变量的期望值之和。

⑨ 若 X 和 Y 是互相独立的随机变量，则：

$$\langle XY\rangle=\langle X\rangle\langle Y\rangle \tag{1.20}$$

⑩ 若 X 和 Y 是互相独立的随机变量，则：

$$\sigma^2(X \pm Y) = \sigma^2(X) + \sigma^2(Y) \tag{1.21}$$

即，对于互相独立的随机变量，各变量之和(或差)的方差都等于各方差之和。

⑪ 若 X_i 是随机变量 X 的互相独立的随机样本值，则：

$$\sigma^2(\sum X_i) = \sum \sigma^2(X_i) = \sum \sigma^2(X) = n\sigma^2(X) \tag{1.22}$$

⑫ 平均值 $\overline{X} = \frac{1}{n}\sum X_i$，且各样本值 X_i 相互独立，则：

$$\sigma^2(\overline{X}) = \sigma^2(\frac{1}{n}\sum X_1) = \frac{1}{n^2}\sigma^2(\sum X_i) = \frac{1}{n^2} \cdot n\sigma^2(X) = \frac{1}{n}\sigma^2(X) \tag{1.23}$$

平均值的方差等于各别测量值方差的$\frac{1}{n}$。

⑬ 若 a 是一个常数，则：

$$\langle (X-a)^2 \rangle = \sigma^2(X) + (a - \langle X \rangle)^2 \tag{1.24}$$

证：$\langle (X-a)^2 \rangle = \langle (X - \langle X \rangle + \langle X \rangle - a)^2 \rangle$

$= \langle (X - \langle X \rangle)^2 + (a - \langle X \rangle)^2 - 2(X - \langle X \rangle)(a - \langle X \rangle) \rangle$

$= \sigma^2(X) + (a - \langle X \rangle)^2 - 2\langle (X - \langle X \rangle) \rangle (a - \langle X \rangle)$

因为，随机变量相对于它们的平均值的偏差的加和等于零[参见式(1.11)]，及 $\langle (X - \langle X \rangle) \rangle = 0$，所以：

$$\langle (X-a)^2 \rangle = \sigma^2(X) + (a - \langle X \rangle) \tag{1.25}$$

在式(1.24)中，令 $a=0$，移项即得：

$$\sigma^2(X) = \langle X^2 \rangle - \langle X \rangle^2 \tag{1.26}$$

即，随机变量 X 的方差等于随机变量 X 的平方的期望值减去 X 的期望值的平方。

第2章 实验数据统计处理的理论基础

2.1 随机误差的正态分布

根据误差产生的原因我们知道，即使在清除或校正了系统误差之后，多次测量一个变量，由于随机因素的影响，测定值不会是同一数值，而要呈现出一定的离散。只有对这些变动的测定值进行统计整理，才能从中得到关于总体的有用信息。在本节我们用具体的实验数据，说明随机事件的频率分布与概率分布。

2.1.1 频率分布

表 2.1 列出了重量法测金属钨中镍的数据。该数据是在清除了系统误差的前提下，多次独立分析的结果。

表 2.1 未经整理的测定结果

0.189	0.191	0.189	0.185	0.197	0.193
0.202	0.199	0.202	0.199	0.199	0.200
0.190	0.204	0.202	0.187	0.187	0.204
0.179	0.183	0.181	0.181	0.181	0.179
0.182	0.167	0.194	0.195	0.189	0.189
0.220	0.192	0.214	0.193	0.203	0.191
0.209	0.213	0.204	0.203	0.183	0.162
0.201	0.211	0.203	0.179	0.177	0.179
0.220	0.205	0.199	0.209	0.178	0.207

这些测定值未经整理，是按测定顺序排列的，虽然经反复查找能看出这组测定值的最低值是 0.162，最高值是 0.220，大多数测定值在 0.190～0.200 之间，但总的来讲，表 2.1 所列未经整理的测定值直接提供的信息不多。

按以下几个步骤将数据加以整理后，就会找出一定的规律性：

① 重新排列数据　把测定值按由小至大的顺序排列（数据排列表省略），找出最大值（0.220）和最小值（0.162）。

② 确定分组数　一般来讲，分组数 m 应大约等于测定次数的平方根$\sqrt{n}$，表 2.2 可作参考。

表 2.2　测定次数与分组数

测定次数 n	25～50	50～100	100～250	＞250
分组数 m	5～7	6～10	7～12	10～15

这组测定次数是 54，我们把分组数定为 7。

③ 确定组距　组距是分组中最大值与最小值之差。为了把最大值和最小值都包括在分组内，组距 Δ 应满足下式的要求：

$$\Delta=\frac{\text{最大值}-\text{最小值}}{\text{分组数}}$$

对于这组观测值 $\Delta=\frac{0.220-0.162}{7}=0.0083$，所以组距定为 0.01。

④ 确定组界　组距确定后，还要确定组界。确定组界常要把按测量单位划分的组界加上或减去最小测量单位的$\frac{1}{2}$，因为只有这样做分组才明确。例如，对这组测定值，如果把组界定为 0.160－0.170－0.180－0.190－0.200－0.210－0.220，则测定值 0.200 属于第四组还是属于第五组，就不明确。如果加上 $0.01\times\frac{1}{2}=0.005$，组界就成为 0.1605－0.1705－0.1805－0.1905－0.2005－0.2105－0.2205，这样就不会出现分组不明确的情况。

⑤ 统计分组测定值的频率　频数是落在各组内的测定值的数目，而频率是分组测定值数在测定值总数中的分数。表 2.3 是这组测定值的频率分布表。

表 2.3　频率分布表

组号	组距	频数	频率
1	0.1605～0.1705	2	0.037
2	0.1705～0.1805	6	0.111
3	0.1805～0.1905	13	0.241
4	0.1905～0.2005	16	0.296
5	0.2005～0.2105	12	0.222
6	0.2105～0.2205	3	0.056

续表

组号	组距	频数	频率
7	0.2205～0.2305	2	0.037
Σ		54	1.000

有了频率分布表后，就可以绘出该组测定值的频率分布直方图（图 2.1）。

图 2.1 的横坐标代表测定值，纵坐标为频率。如果令纵坐标代表频率密度，即单位变量的频率，也即频率与组距之比，则小方块的总面积（A）：

$$A=\sum 长\times 宽=\sum \frac{频率}{组距}\times 组距=\sum 频率=1$$

这样，横坐标上一个区间内的测定值所对应的方块面积，就代表它们出现的频率。在大小相同，但位置不同的区间内，测定值所对应的直方面积不同，它们出现的频率也不同。随着测定次数的增加和测定值分组的加细，测定值的频率分布就过渡为其概率分布，得到图 2.2。这是一条表明概率密度和测定值关系的圆滑曲线，称为概率密度曲线。

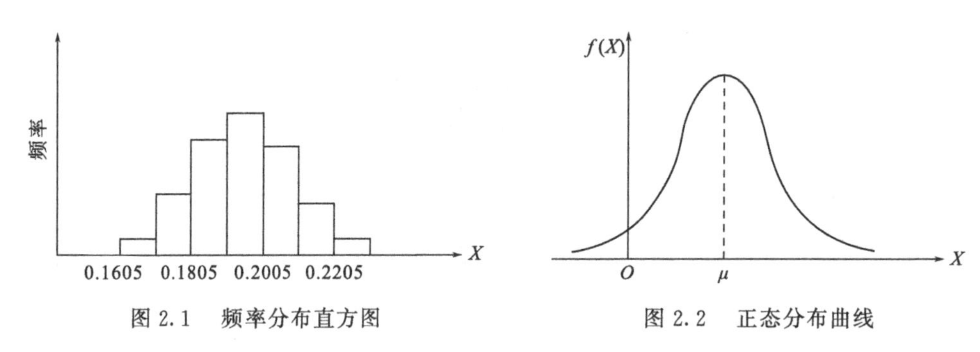

图 2.1　频率分布直方图　　图 2.2　正态分布曲线

2.1.2　正态分布

随着测定次数无限增加和变量 X 间隔的缩小，频率分布直方图的形状逐渐趋于一条圆滑曲线，如图 2.2 所示。该曲线在数学上可用一个称之为正态分布的概率密度函数来表示：

$$f(X)=\frac{1}{\sigma\sqrt{2\pi}}e^{-\frac{(X-\mu)^2}{2\sigma^2}} \tag{2.1}$$

该数学表达式是由德国数学家高斯(C F Gauss，1809) 在确定误差理论时推导出来的。正态分布也称为高斯分布，式中 $f(X)$ 表示测定值的概率密度函数；X 为测定值，是从该分布抽取的随机样本值；π 是圆周率；$e=2.718$，是自然对数的底；μ 为总体平均值，对应于正态分布曲线最高点的横坐标，它表示样本值的集中趋势。对于正态分布 μ 是随机变量 X 的期望值：

$$\mu=\lim_{n\to\infty}\frac{1}{n}\sum_{i=1}^{n}X_i$$

$(X-\mu)$ 为单次测量值的误差；σ 为总体标准差，$\sigma=\sqrt{\dfrac{\sum(X-\mu)^2}{n}}$，$\sigma$ 是从均值 μ 到

正态分布曲线两个拐点(曲线在它们以内向下弯曲，在它们以外向上弯曲）中任何一个的距离，它表示样本值的离散特性。均值 μ 和标准差 σ 是正态分布的两个基本参数，只要有 μ 和 σ 这两个参数，就可以把正态分布曲线完全确定下来。定量分析(或其他测量)及其统计处理的最终目的是为了较正确地估计出 μ 和 σ 这两个参数。以后我们用 $N(\mu, \sigma^2)$ 表示平均值为 μ、方差为 σ^2 的正态分布。测量数据的分布形状一般都近似地接近正态分布。正态分布有以下四个特征轴：

① 曲线以 $X=\mu$ 为对称；

② 曲线的极大值在 $X=\mu$ 处，其值 $f(X)=\dfrac{1}{\sigma\sqrt{2\pi}}$，$f(X)$ 永远取正值；

③ 曲线拐点在 $X=\mu\pm\sigma$；

④ 曲线以横轴为渐近线。

图 2.3 左图中的两个正态分布，由于标准差 σ 相同，故曲线形状完全相同，但因 μ 不同，分布曲线的位置就不同。而图 2.3 右图中的三个分布，因 μ 相同，三组数据都有向同一个中心值 $X=\mu$ 集中的趋势，但因 σ 不同，分布曲线的“胖”“瘦”就不同。标准差 σ 越小，精密度就越好，数据不那么分散，分布曲线是瘦高的；σ 越大，精密度就越差，分布曲线是矮胖的，数据很分散。

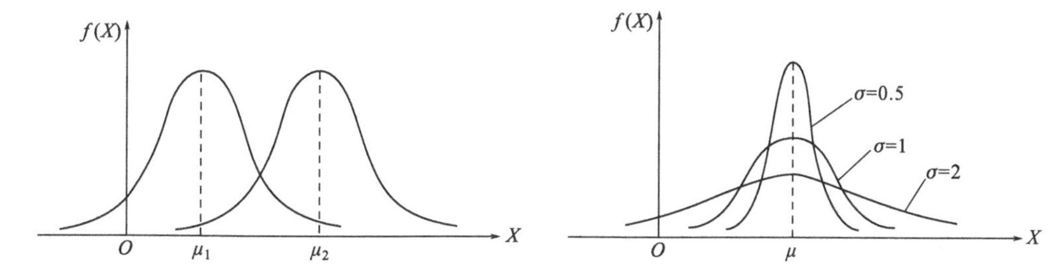

图 2.3　参数 μ 和 σ 对正态分布曲线的影响

曲线和横轴之间所夹的面积，即正态分布密度函数在 $-\infty<X<+\infty$ 区间的积分值，代表了具有各种大小偏差的样本值出现概率总和，其值为 1。

$$P(-\infty<X<+\infty)=\int_{-\infty}^{+\infty}\frac{1}{\sigma\sqrt{2\pi}}e^{-\frac{(X-\mu)^2}{2\sigma^2}}dX=1$$

则样本值 X 落在任一区间 (a, b) 的概率 $P(a\leqslant X\leqslant b)$ 就等于横坐标上 $X=a$ 和 $X=b$ 区间的曲线与横坐标之间所夹的面积，即：

$$P(a\leqslant X\leqslant b)=\int_{a}^{b}\frac{1}{\sigma\sqrt{2\pi}}e^{-\frac{(X-\mu)^2}{2\sigma^2}}dX$$

这个积分的计算同 μ 和 σ 值有关，计算起来比较麻烦，为了简便，常经过一定变换，将各种形状正态分布曲线标准化，而变成图 2.4 的标准正态分布曲线。

2.1.3　标准正态分布——u 分布

在式(2.1) 表示的误差方程式中，有两个变量，即误差值 $(X-\mu)$ 和标准差 σ，为了使用一个变数来表示误差的函数式，令：

$$u=\frac{X-\mu}{\sigma} \tag{2.2}$$

u 的物理意义为：误差用总体标准差为单位来表示。则有：

$$\varphi(u)=\frac{1}{\sqrt{2\pi}}e^{-\frac{u^2}{2}} \tag{2.3}$$

用变数 u 为横坐标所得到的正态分布曲线如图 2.4 所示。经过这一变换，便使均值为 μ、标准差为 σ 的正态分布变成了均值为 0、标准差为 1 的标准正态分布，u 变成为标准正态分布 $N(0,1)$ 的样本。

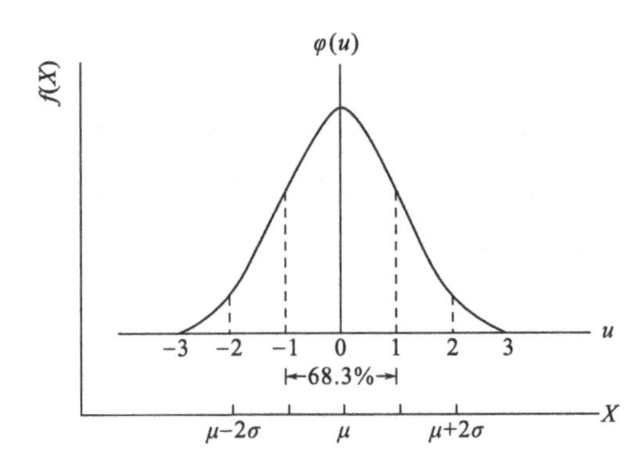

图 2.4　一般正态分布与标准正态分布随机变量的对比

正态分布曲线定量地表现了随机误差的规律性，它统一了随机误差的四种特性。误差的正态分布曲线表明，当测定次数趋近无限次或足够多时，则有：

① 误差为零的测定值出现概率最大，或者说测定值接近真值的概率最大，大误差出现的概率小，即具有单峰性；

② 绝对值相等的正误差和负误差具有相等的概率，即正、负误差具有对称性；

③ 误差值越大出现的机会越少，很大的随机误差是不可能出现的，即误差值有“有界性”；

④ 正态分布曲线是对称的，所以误差的总和为零，即随机误差有抵偿性。

图 2.4 为一般正态分布与标准正态分布的对比。式(2.3) 积分同式(2.1) 积分比较起来要简便得多。对于任何正态分布，样本值 X 落到区间(a,b) 的概率 $P(a\leqslant X\leqslant b)$ 相应地由标准正态分布算出：

$$P\left[\left(\frac{a-\mu}{\sigma}\right)\leqslant u\leqslant\left(\frac{b-\mu}{\sigma}\right)\right]=\frac{1}{\sqrt{2u}}\int_{\frac{a-\mu}{\sigma}}^{\frac{b-\mu}{\sigma}}e^{\frac{-u^2}{z}}\mathrm{d}u$$

为了应用方便，人们索性把积分的结果列成表，称为标准正态分布表(见附录中附表 1)

由图 2.4 可见，曲线的拐点所对应的横坐标是一个标准差。图 2.4 曲线下面所包围的总面积，等于 1 或 100%。误差在$(-\sigma\sim\sigma)$ 区间内的测量值出现概率是 68.3%，误差在$(-2\sigma\sim2\sigma)$ 区间内的测量值出现概率是 95.46%。如总共测 1000 次，将有 50 个测量数据的误差大于两个标准差，只有三个数据的误差大于 3σ。由此可见，在重复测量多次时，出现特大误差的机会是很小的。

测量的目的在于通过实验求得被测的某特性的真实值，但实验中的误差，又使真值不能绝对无误地被测量出来。随机误差使各测量值彼此分散，通常采用多次测量的平均值报告结果，以减小随机误差。但系统误差常使平均值和真值发生偏倚，如不预先消除系统误差，仍然不能说平均值就能代表真值。下面的讨论是消除或校正了偏倚以后，对随机误差的处理。

2.2　正态分布表的查法和使用

在使用标准正态分布表时，建议把与概率相当的面积草绘出来，这样就不容易发生错误。不同书中的标准正态分布表不一定给出相同的面积。通常有三种标准正态分布表，如图 2.5 中所示三种阴影面积值。

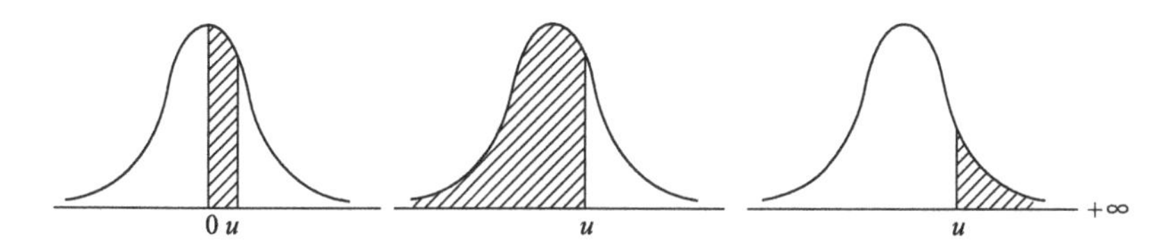

图 2.5　与标准正态分布表中表列值相当的面积

图 2.5，在 $u=0.7$ 时，左图阴影部分概率是 0.2580，中间图阴影部分概率是 0.7580，右图阴影部分概率是 0.2420。

利用标准正态分布表可以查出相当于某一 u 值的概率，反之也可以查找与一定概率相当的 u 值。现举例说明该表的使用。

【例 2.1】正态分布概率密度函数

$$f(X)=\frac{1}{4\times\sqrt{2\pi}}e^{-\frac{(X-2)^2}{32}}$$

求 X 由 $-1\sim+4$ 之间的概率，即求 $P(-1<X<4)$。

解：由题意得知这个正态分布的 $\mu=2$，$\sigma=4$，当 $X=-1$ 和 4 时：

$$u=\frac{X-\mu}{\sigma}=\frac{-1-2}{4}=-0.75 \text{ 和 } u=\frac{4-2}{4}=0.5$$

查附表 1，则 $P(-1<X<4)=P(-0.75<u<0.5)=1-0.3085-0.2266=0.4649$。

【例 2.2】某化工厂生产 1kg 装洗衣粉的净重遵守正态分布，均值为 1.02kg，标准差为 0.01kg，试求洗衣粉净重小于 1.00kg 和大于 1.03kg 的百分数。

解：由题意得知：$\mu=1.02$，$\sigma=0.01$，则：

① $u=\dfrac{X-\mu}{\sigma}=\dfrac{1-1.02}{0.01}=-2$

查标准正态分布表得：u 值小于 -2 的概率为 0.0228，即 2.28%。

② $u=\dfrac{X-\mu}{\sigma}=\dfrac{1.03-1.02}{0.01}=1$

查附表1得：u 值大于1的概率为0.1587，即15.87%。

【例2.3】求样本值 X 落在区间$(\mu-0.34\sigma,\mu+1.00\sigma)$的概率。

解： 由题意可知，本题给定的区间宽度为1.34σ，但该区间对 μ 来说不对称。$P(\mu-0.34\sigma,\mu+1.00\sigma)=P(-0.34<u<0)+P(0<u<1.00)$，查附表1得：

$$P(-0.34<u<0)=0.5-0.3669=0.1331$$

$$P(0<u<1.00)=0.5-0.1587=0.3413$$

$$\therefore P(\mu-0.34\sigma,\ \mu+1.00\sigma)=0.1331+0.3413=0.4744$$

【例2.4】已知77级分析班学生117个数据基本遵从正态分布$N(66.62,0.21^2)$，试求测量值落在$(66.15\sim67.04)$中的概率。

解： 由题意得知，$\mu=66.62$，$\sigma=0.21$。

当$X=67.04$时：

$$u=\frac{X-\mu}{\sigma}=\frac{67.04-66.62}{0.21}=2.0$$

而当$X=66.15$时：

$$u=\frac{X-\mu}{\sigma}=\frac{66.15-66.62}{0.21}=-2.24$$

查附表1，得：

$$P(66.15<X<67.04)=P(-2.24<u<2.0)=1-0.0125-0.0228=0.9647$$

2.3 正态分布的数字特征

随机变量是一个以一定概率取值的变量，要确定随机变量的分布函数有时是很困难的，而在实际应用中，并不一定需要知道分布函数，只需要了解一些能显示一个随机变量分布特征的数字也就够了。用数字来显示一个随机变量的分布特征，称为随机变量的数字特征。随机变量数字特征中最重要的最基本的是随机变量的均值(也叫期望值)和随机变量分布的离散程度。均值表示随机变量的分布中心。随机变量分布的离散程度常用方差或标准差表示。

2.3.1 正态分布的集中趋势

(1) 算术平均值

在具有同一精密度的多次测量中，如何从这些测量数据中确定最佳值，或最可信赖值?

最小二乘法原理认为：在具有相同精密度的许多测定值中，最佳值乃是能使各个测定值的残差(指测定值与此最佳值之差，有时也称误差)的平方和为最小的那个数值。这个值就是算术平均值，现证明如下：

在一组遵从正态分布$N(\mu,\sigma^2)$的测定值中，随机抽取容量为 n 的样本，样本 n 次独立测定值分别为 X_1，X_2，…，X_n，各测定值出现的概率可由式(2.1)算出。X_i 出现的概率是指随机变量 X 出现在 $X_i+\Delta X$ 区间的概率。根据式(2.1)，此概率为：

$$P_i=\frac{1}{\delta\sqrt{2\pi}}e^{-\frac{(X-\mu)^2}{2\sigma^2}}\Delta X$$

样本值 X_1，X_2，…，X_n 同时出现的联合概率密度函数为 $L(X)$，它称为样本的似然函数。似然函数就是 n 次测定得到的测定值的概率密度之积：

$$L(X)=\left(\frac{1}{\delta\sqrt{2}\,\pi}\right)^n e^{-\frac{1}{2\sigma^2}\sum_{i=1}^{n}(X_i-\mu)^2} \tag{2.4}$$

要使式(2.4)概率最大，也即 $\ln L(X)$ 达到最大。对于一组确定的测定值 X_1，X_2，…，X_n，似然函数 $L(X)$ 的数值是参数 μ 的函数，选择合适的参数估计值 $\hat{\mu}$，使似然函数值达到最大。

$$\ln L=-\frac{n}{2}\ln 2\pi-n\ln\sigma-\frac{1}{2\sigma^2}\sum_{i=1}^{n}(X_i-\mu)^2$$

满足最大的条件为：

$$\frac{\partial \ln L}{\partial \mu}=\frac{1}{2\sigma^2}\sum_{i=1}^{n}2(X_i-\mu)=0 \tag{2.5}$$

解式(2.5)，得到：

$$\overline{X}=\frac{1}{n}\sum_{i=1}^{n}X_i=\hat{\mu} \tag{2.6}$$

这种求估计值的方法，称为最大似然法，由此方法求得的估计值称为最大似然估计值。最大似然估计值是一组测定值中出现概率最大的值。由上述讨论中可以看到，在一组等精密度测定值中，算术平均值是 μ 的最大似然估计值 $\hat{\mu}$，是最可信赖值。

因为 $\overline{X}$ 是被测定值 μ 的估计值，在消除系统误差的条件下，随机变量 X 的测定值在 μ 附近摆动，由于 $\overline{X}$ 的具体数值随 X_1，X_2，…，X_n 不同而不同，带有波动性，所以称为 μ 的估计值。因此，μ 是随机变量 X 的期望值，$\langle X\rangle=\mu$，它是无限个测定值的平均值，即理论均值。平均值的期望值 $\langle\overline{X}\rangle$，根据期望公式，有：

$$\begin{aligned}\langle\overline{X}\rangle&=\langle\frac{1}{n}\sum_{i=1}^{n}X_i\rangle=\frac{1}{n}\langle\sum_{i=1}^{n}X_i\rangle\\&=\frac{1}{n}(\langle X_1\rangle+\langle X_2\rangle+\cdots+\langle X_n\rangle)\\&=\frac{1}{n}(\mu+\mu+\cdots+\mu)=\frac{1}{n}n\mu=\mu\end{aligned}$$

上式表明，样本均值 $\overline{X}$ 是总体均值 μ 的一个无偏估计值。

由此可见，样本平均值 $\overline{X}$ 是总体均值 μ 的最佳估计值，是最可信赖值，这就是为什么常用算术平均值来表示测定结果。

(2) 加权平均值

若 X_1，X_2，…，X_n 是对同一量 μ 的 n 个具有不同精密度的测定值，它们的标准差分别为 σ_1，σ_2，…，σ_n，X_i 遵从均值为 μ、标准差为 σ_i 的正态分布，则 X_i 出现的概率

密度函数为：

$$\varphi(X_i)=\frac{1}{\sigma_i\sqrt{2\pi}}e^{-\frac{(X_i-\mu)^2}{2\sigma_i^2}}$$

如果各次测定是互相独立的，并且各测定值的标准差已知，则样本测定值 X_1，X_2，…，X_n 的似然函数为：

$$L(X_i)=\prod_{i=1}^{n}\frac{1}{\sigma_i\sqrt{2\pi}}e^{-\frac{(X_i-\mu)^2}{2\sigma_i^2}}$$

$$=(2\pi)^{-\frac{n}{2}}(\prod_{i=1}^{n}\sigma_i^{-1})e^{-\sum_{i=1}^{n}\frac{(X_i-\mu)^2}{2\sigma_i^2}} \tag{2.7}$$

选择一个合适的参数估计值 $\hat{\mu}$，应用最大似然法，使似然函数值达到最大。要使似然函数 $L(X)$ 在数值上达到最大，也就是使 $\ln L(X)$ 达到最大，$\sum_{i=1}^{n}\frac{(X_i-\mu)^2}{2\sigma_i^2}$ 达到最小。将式(2.7) 取对数，有：

$$\ln L(X_i)=-\frac{n}{2}\ln 2\pi-\sum_{i=1}^{n}\ln\sigma_i-\sum_{i=1}^{n}\frac{(X_i-\mu)^2}{2\sigma_i^2}$$

为了求得不等精密度测定结果的最大似然估计值，应使 $\ln L(X)$ 达到最大，则：

$$\frac{\partial\ln L}{\partial\mu}=\sum_{i=1}^{n}\frac{X_i-\mu}{\sigma_i^2}=0 \tag{2.8}$$

得到 μ 的最大似然估计量：

$$\hat{\mu}=\frac{\sum_{i=1}^{n}\frac{X_i}{\sigma_i^2}}{\sum_{i=1}^{n}\frac{1}{\sigma_i^2}}=\frac{\sum_{i=L}^{n}\omega_i X_i}{\sum_{i=1}^{n}\omega_i}=W \tag{2.9}$$

$$\omega_i=\frac{1}{\sigma_i^2} \tag{2.10}$$

式中，ω_i 是第 i 个测定值的权。对于不等精密度的测定，被测定量的 μ 的最大似然估计量是样本测定值的加权平均值 W。当各个测定值等权时，$\omega_1=\omega_2=\cdots=\omega_n$，则加权平均值等于算术平均值。

$$W=\frac{\sum_{i=1}^{n}\omega_i X_i}{\sum_{i=1}^{n}\omega_i}=\frac{1}{n}\sum_{i=1}^{n}X_i=\overline{X} \tag{2.11}$$

加权平均值 W 是 μ 的无偏估计值，这就是在不等精密度测定时为什么要用加权平均值表示测定结果的原因。

不等精密度的测定，在分析测试中经常遇到，例如，在不同实验室由不同人或使用不同仪器、不同方法对同一量进行测定所得的结果。

【例 2.5】用不同分析方法测定某试样中含铁量，测定的结果（%）分别为：14.7、14.1、14.2、14.9、14.6，标准差分别为 0.22、0.39、0.28、0.10、0.50。求该试样中铁的含量。

解：这是一组不等精密度测定，应求加权平均值。根据 $\omega_i=\dfrac{1}{\sigma_i^2}$ 求出各测定值对应的权分别为 20.7、6.57、12.67、100.0、4.0，则：

$$W=\frac{\sum_{i=1}^{n}\omega_i X_i}{\sum_{i=1}^{n}\omega_i}=\frac{303.7+92.7+181.1+149.0+58.4}{20.7+6.57+12.76+100.0+4.0}=5.45$$

(3) 中位值

当测定次数较少，而又存在对平均值影响较大又不允许舍弃的离群值时，采用中位值比采用平均值更符合统计规律，因为中位值(与平均值相比）受极端值影响较小。

把一组数据按从小到大排列后，当样本容量 n 为奇数时，排在正中间的那个值是中位值；若 n 为偶数，则中位值是中间两个测定值的平均值。

2.3.2　正态分布的离散特性

正态分布的离散特性反映了样本值彼此分散的程度，它可用极差、算术平均偏差、标准差或方差来量度，而最常用的是标准差。

(1) 等精密度测定结果的精密度估计

若 X_1，X_2，…，X_n 为正态变量 X 的一组等精密度的相互独立的测定值，遵从正态分布 $N(\mu,\sigma^2)$，则总体的标准差为：

$$\sigma=\sqrt{\frac{\sum_{i=1}^{n}(X_i-\mu)^2}{n}} \tag{2.12}$$

式(2.12) 适于大量数据的条件下(一般 $n>20$)，这时测定值的平均值接近于真值，用 μ 代表，其方差为 σ^2。

$$\sigma^2=\frac{1}{n}\sum_{i=1}^{n}(X_i-\mu)^2 \tag{2.13}$$

实际工作中，我们只能做有限次的测量，用样本方差：

$$S^2=\frac{1}{n-1}\sum_{i=1}^{n}(X_i-\overline{X})^2 \tag{2.14}$$

作为总体方差 σ^2 的估计量，S^2 是 σ^2 的无偏估计量，所谓无偏估计，当然不是说用无偏估计量来估计不产生偏离，只是说由测定值计算的估计值离被估计值很近，由不同样本得到的估计值在被估计值附近波动，大量估计值的平均值能够消除估计值对被估计值的偏离。

式(2.14) 中 $n-1$ 称为自由度，用 f 表示，它代表一组测定值中独立偏差数目。下面来证明 S^2 为什么是总体方差 σ^2 的无偏估计量。

设总体均值为 μ，样本均值为 $\overline{X}$，总体方差为 σ^2。若 X_i 代表 n 个样本的测定值，则：

$$X_i-\mu=(X_i-\overline{X})+(\overline{X}-\mu)$$

$$(X_i-\mu)^2=(X_i-\overline{X})^2+(\overline{X}-\mu)^2+2(X_i-\overline{X})(\overline{X}-\mu)$$

把上列方程式遍及 i 从 1 至 n 所有取值求和，得到：

$$\sum(X_i-\mu)^2=\sum(X_i-\overline{X})^2+n(\overline{X}-\mu)^2+2(\overline{X}-\mu)\sum(X_i-\overline{X})$$

根据 $\overline{X}$ 的定义，$\sum(X_i-\overline{X})^2=0$，于是：

$$\sum(X_i-\mu)^2=\sum(X_i-\overline{X})^2+n(\overline{X}-\mu)^2$$

即

$$\sum(X_i-\overline{X})^2=\sum(X_i-\mu)^2-n(\overline{X}-\mu)^2$$

如果上述计算对大数样本反复进行，则根据 σ^2 定义，$\sum(X_i-\mu)^2$ 的均值就趋近于 $n\sigma^2$，$n(\overline{X}-\mu)^2$ 的均值同样趋近于 $\overline{X}$ 方差的 n 倍，即 $n\left(\frac{\sigma^2}{n}\right)$（后面将证明），于是 $\sum(X_i-\overline{X})^2\rightarrow n\sigma^2-n\left(\frac{\sigma^2}{n}\right)$，$\sum(X_i-\overline{X})^2\rightarrow(n-1)\sigma^2$，所以 $\frac{\sum(X_i-\overline{X})^2}{n-1}\rightarrow\sigma^2$，即 $S^2=\frac{1}{n-1}\sum(X_i-\overline{X})^2\rightarrow\sigma^2$，这样，$S^2$ 就是 σ^2 的无偏估计量。

方差的量纲与测定值量纲不同，而与测定值平方的量纲相同，在这点上，方差与极差、平均偏差不同。为了用测定值本身的单位表示离散程度，要取方差的正平方根，得到标准差：

$$S=\sqrt{\frac{\sum(X_i-\overline{X})^2}{n=1}} \tag{2.15}$$

使用标准差这一术语时，要严格区分单次测定值标准差与平均值标准差。式(2.15)表示的是单次测定值的标准差，但它不是一次测定的，而是多次测定后，一次测定值所担负的标准差，它是统计平均效应。

前面已谈到在一组等精密度的测量中，算术平均值为其最佳值或最可信赖值，故可用样本平均值 $\overline{X}$ 作为 μ 的估计值。现产生一个问题：用样本平均值 $\overline{X}$ 估计总体平均值 μ，其标准差有多大？或者说：样本平均值的精密度是不是比个别测量值的精密度要好些？到底好多少？现举例说明之。

设一组等精密度的测定值为 X_1，X_2，…，X_n。样本平均值为 $\overline{X}$，样本的方差是 S^2。由定义知：

$$\overline{X}=\frac{X_1,\ X_2,\ \cdots,\ X_n}{n}=\frac{1}{n}X_1+\frac{1}{n}X_2+\cdots+\frac{1}{n}X_n$$

式中，X_1，X_2，…，X_n 的方差均为 S^2（等精密度即表示各测定值的方差都相等）。按照误差传递的一般公式，若最后结果是根据函数式 $y=f(A,\ B,\ C,\ \cdots)$ 计算求得的，那么最后结果 y 的方差是：

$$S_y^2=\left(\frac{\partial f}{\partial A}\right)^2 S_A^2+\left(\frac{\partial f}{\partial B}\right)^2 S_B^2+\left(\frac{\partial f}{\partial C}\right)^2 S_C^2+\cdots$$

由此可知：

$$S_{\overline{X}}^2=\left(\frac{\partial \overline{X}}{\partial X_1}\right)^2 S^2+\left(\frac{\partial \overline{X}}{\partial X_2}\right)^2 S^2+\cdots+\left(\frac{\partial \overline{X}}{\partial X_n}\right)^2 S^2$$

$$=\left(\frac{1}{n}\right)^2 S^2+\left(\frac{1}{n}\right)^2 S^2+\cdots+\left(\frac{1}{n}\right)^2 S^2=n\,\frac{1}{n^2}S^2=\frac{S^2}{n}$$

所以

$$S_{\overline{X}}^2=\frac{S^2}{n}\text{ 或 }S_{\overline{X}}=\frac{S}{\sqrt{n}}$$

这就是说：平均值的方差与测定次数 n 成反比，亦即增加测定次数可以增大测量的精密度。当增加测定次数 n 时，样本平均值的再现性将越来越好，对总体平均值 μ 的误差将越来越小，亦即样本平均值将趋近于总体平均值。因此样本容量越大，我们将越能肯定样本平均值是总体平均值的一个好的估计。图 2.6 表示 $S_{\overline{X}}$ 与 n 的关系。开始时，$S_{\overline{X}}$ 随 n 增大而减小得很快；到 n 为 4 或 5 时，开始变慢；当 $n>10$ 时，$S_{\overline{X}}$ 随 n 的变化实际上已不很显著。而且前面讲过，相同条件下重复测定并不能消除系统误差。因此，一系列等精密度重复测定的次数 n 通常有 4～5 次就够了。即使是准确度要求很高的分析，例如标准参考物质的分析，通常都是组织多个实验室进行协同实验，而同一实验室内的重复分析，一般也很少超过 5～6 次，过分地增多重复测定次数，会增加很多工作量，对分析结果的可靠性并无很大的裨益。

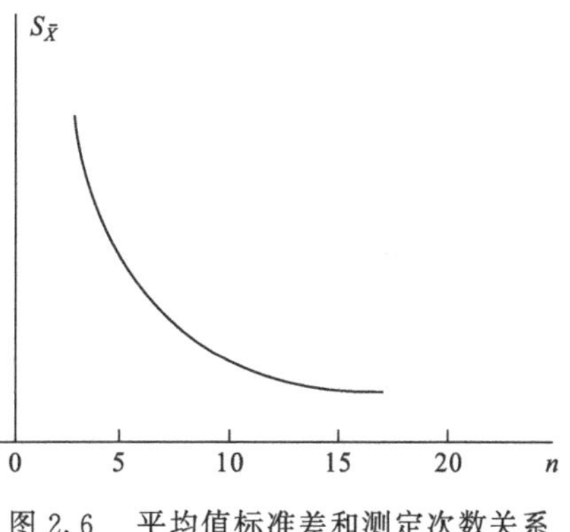

图 2.6　平均值标准差和测定次数关系

(2) 不等精密度测定结果的精密度估计

若 X_1，X_2，…，X_n 为一组不等精密度的相互独立的测定值，其测定结果用加权平均值表示，加权平均值标准差为：

$$\sigma_w=\sqrt{\frac{1}{\sum_{i=1}^{n}\frac{1}{\sigma_i^2}}} \tag{2.16}$$

(3) 标准差的计算方法

若对随机变量 X 进行 n 次独立测定，测定值为 X_1，X_2，…，X_n，各测定值是等精密度的，而且测定值遵从正态分布，则标准差为：

$$S=\sqrt{\frac{\sum X_i^2-(\sum X_i)^2/n}{n=1}} \tag{2.17}$$

用式(2.15) 与式(2.17) 计算，结果是完全相同的，因为：

$$\sum(X_i-\overline{X})^2=\sum(X_i^2-2X_i\overline{X}+\overline{X}^2)$$

$$= \sum X_i^2 - 2\sum X_i \frac{\sum X_i}{n} + n\left(\frac{\sum X_i}{n}\right)^2$$

$$= \sum X_i^2 - \frac{1}{n}(\sum X_i)^2$$

所以：

$$S = \sqrt{\frac{\sum (X_i - X)^2}{n = 1}} = \sqrt{\frac{\sum X_i^2 - (\sum X_i)^2/n}{n = 1}}$$

利用式（2.17）计算标准差还是比较方便的，也可以应用计算器的标准差功能键直接计算。

2.4 有限次测定值的统计处理——t 分布

前已述及，正态分布的理论是从大量的数据中总结推论出来的，它也只适用于大量的测定值，而测定次数少时就不能完全适用。实际上，我们不可能进行趋于无限次数的或大量次数的测定，而只能进行少量次数的实验，例如 5 次、10 次或 20 次的测定。由小样本实验并不能求得总体的均值（μ）和总体标准差（σ），而只能求得样本均值（$\overline{X}$）和样本标准差（S），因此，无法直接应用正态分布于小样本实验数据的处理。

为了解决上述问题，爱尔兰化学家戈塞诗于 1908 年以“Student”的笔名发表了一篇题为《平均值的概率误差》的论文，从理论上和实践中分析导出了小样本的平均值的理论分布。

该论文中提出用样本标准差 S 代替 σ，但是 S 代替 σ 又要按照理论上的正态分布去处理，就必须使用一个不依赖 σ 的新变量，这就是斯图登 t（Student′s t）或译作“学生氏 t”，简称 t 值：

$$t = \frac{\overline{X} - \mu}{S_{\overline{X}}} = \frac{\overline{X} - \mu}{S/\sqrt{n}} \tag{2.18}$$

t 值的含义可以理解为：平均值的误差($\overline{X} - \mu$)以平均值的标准偏差($S_{\overline{X}}$)为单位来表示的数值。

该化学家证实了对于小样本的随机误差，用新的变量 t 值来量度误差时，误差的分布类似正态分布，称为“t 分布”，如图 2.7 所示。

“t 分布”可用下面的概率密度函数来描述：

$$\varphi(t) = \frac{1}{\sqrt{\pi f}} \frac{\Gamma\left(\frac{f+1}{2}\right)}{\Gamma\left(\frac{f}{2}\right)} \left(1 + \frac{t^2}{f}\right)^{-\frac{t+1}{2}}$$

式中，f 为自由度，$f = n - 1$。由图 2.7 可以看出，测定次数越少(f 越小)，曲线越扁平，当 f 为无限大时，t 分布曲线就与正态分布曲线完全一致，此时 $t = u$，见图 2.7。

由图 2.7 可以看出，t 与 u 不同，u 值只与概率有关，而 t 值同时与自由度 f 和概率(或危险率 α) 两者有关。只要知道 f 和 α，就可以求得 t 值。统计学家已将 t 分布的数据列成表，表中列出了不同显著水平和不同自由度时的临界 t 值，见附表 2。例如 $\alpha=0.10$，$f=5$，由表中查得 $t=2.02$。这意思是：$|t|<2.02$ 的概率为 90%，而 $|t|>2.02$ 的概率为 10%。

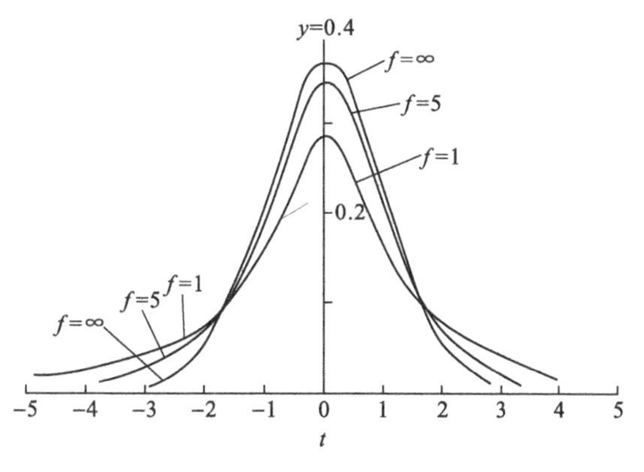

图 2.7　t 分布曲线

t 分布是很重要的，因为它是对小样本(测定次数 n 少于 20 或 30) 数据进行处理和评价的基础。我们可以用样本均值和标准差来估计总体的特性，从而大大减少了实验工作量，同时 t 分布的应用很广，将在以后章节中加以介绍。

2.5　几种误差表示方法的相互关系

2.5.1　或然误差与标准差的关系

在所有可能的随机误差中有一个误差，按绝对值来说，比它大的与比它小的出现概率恰好相等。这一误差称之为或然误差，用 ρ 表示。

根据或然误差的定义可知，在 $-\rho$ 到 $+\rho$ 内的误差所占概率为 0.50，按概率积分公式有：

$$\varphi(u)=\frac{1}{\sqrt{2\pi}}\int_{-u}^{+u}\mathrm{e}^{-\frac{u^2}{2}}\mathrm{d}u=0.50$$

从附表 1 查得与概率为 0.50 相对应的 u 值便是 ρ。

$$\rho=0.675\sigma \tag{2.19}$$

就是说，或然误差应是标准差的 0.675 倍，可按下式计算：

$$\rho=0.675\sqrt{\frac{\sum(X_i-\overline{X})^2}{n-1}} \tag{2.20}$$

2.5.2　平均偏差与标准差关系

总体的平均偏差是各测定偏差绝对值的算数平均值，用 δ 表示：

$$\delta=\frac{1}{n}(|\delta_1|+|\delta_2|+\cdots+|\delta_n|)$$

其中 $\delta_1=X_1-\mu$，…，$\delta_n=X_n-\mu$

误差所遵循的正态分布为：$y=f(\delta)=\dfrac{1}{\sigma\sqrt{2\pi}}\mathrm{e}^{-\frac{\delta^2}{2\sigma^2}}$

令
$$h=\frac{1}{\sqrt{2}\sigma}$$

式中，h 称为精密度指数，将 h 代入正态分布函数式，得 $f(\delta)=\frac{h}{\sqrt{\pi}}e^{-h^2\delta^2}$。误差值在 δ 与 $\delta+d\delta$ 之间的概率为 $ny\,d\delta$，该区间误差的总和便是 $n\delta y\,d\delta$，整个误差分布总和应是：

$$\sum\delta_i=N\int_{-\infty}^{\infty}\delta y\,d\delta=2N\int_0^{\infty}\delta y\,d\delta$$

$$\frac{\sum\delta_i}{n}=2\int_0^{\infty}\delta y\,d\delta=2\int_0^{\infty}\delta\frac{h}{\sqrt{\pi}}e^{-h^2\delta^2}\,d\delta$$

$$=\frac{2h}{\sqrt{\pi}}\int_0^{\infty}\delta e^{-h^2\delta^2}\,d\delta$$

$$=\frac{1}{\sqrt{\pi}h}=\frac{0.564}{h}$$

将 $h=\frac{1}{\sqrt{2}\sigma}$ 代入上式得：

$$\delta=0.80\sigma \tag{2.21}$$

δ、ρ、σ 的相互关系见表 2.4。

表 2.4　δ、ρ、σ 相互关系

误差表示法	δ	ρ	σ
δ	1.00	1.185	0.80
ρ	0.844	1.000	0.675
σ	1.25	1.481	1.000

第 3 章 区间估计和分析结果的表达

3.1 预测分析数据和置信度

在日常生活中，我们经常对事物作预测，年轻人尤其喜欢打赌。例如，预测硬币的正反面，判断说：数字面朝上，则打赌取胜的概率为 50%。我们说：硬币数字面朝上的判断，其置信度为 50%。

掷骰子，“6”点朝上的判断，其置信度$\frac{1}{6}=16.7\%$。

3.1.1 预测分析数据

假设人们对某一标准样品作过很多次分析，并且已经求得其中含磷量的标准值(总体均值)$\mu=0.079\%$，总体标准差 $\sigma=0.002\%$。

现在让某人按照标准方法分析一次这份标准样品中的磷(这种分析的目的在于检查分析条件是否正常)，在他着手分析之前，甲和乙二人打赌。甲说：这次分析的结果，含磷量将在$0.079\%\pm0.004\%$之间，即在$0.075\%\sim0.083\%$之间。乙不信，愿和甲打赌。如果分析条件正常，甲取胜的把握性有多大？有 95.46%。乙取胜的可能性只有 4.54%。

这个结论从标准正态分布表就可得出，单次测定值 X 在 $\mu\pm2\sigma$ 之间的概率为 95.46%，超出该区间的概率只有 4.54%，所以甲取胜的把握性有 95.46%，即甲判断的置信度为 95.46%。

如果甲说磷的分析结果以 % 计将在 0.079 ± 0.002 之间，即在 $0.077\sim0.081$ 之间，若有人和甲打赌，那么甲取胜的机会有 68%(因为 $X=\mu\pm u\sigma=0.079\pm1\times0.002$，其中 $u=1$)。而对方取胜的机会只有 32%。

3.1.2 置信度的含义

由上述可见，所谓置信度就是表示人们所作判断的可靠把握程度。置信度有两重含义：一是置信概率；二是置信区间。如前所述，预测时所划定的区间越窄，置信概率就较小；反之，表示不确定度的区间(置信区间)定得宽。说话留有充分余地，推断的置信概率就越高。通常把测定值落在 $\mu \pm u\sigma$ 范围内的可靠程度(概率)叫作置信度，用符号 P 表示。对于测定值落在 $\mu \pm u\sigma$ 范围以外的程度叫作危险率(又叫显著性水平)，用符号 α 表示。置信度与危险率之间的关系可以表示为 $\alpha = 1-P$，也就是说，当测定值落在 $\mu \pm 1.96\sigma$ 范围以内置信度为 95% 时，则有 5% 的测定值不能落在 $\mu \pm 1.96\sigma$ 范围内。

置信度定得越高，则判断失误的机会越小。但置信度亦不宜定得过高，因为据此判断采取行动，就会变得谨小慎微，从而丧失获得成功的机会。反过来，如果置信度定得过低，则判断失误的可能性就会增大，据此判断采取行动，就会冒失。其次，置信度过高的判断，虽然失误的可能性很小，但往往因为置信区间过宽，以至实用价值不大。例如为了吃鱼，作判断甲：鱼在太湖中。该判断的失误可能性极少，因为太湖中总是有鱼的。但对吃鱼来说，判断甲的实用价值很小。因太湖中有鱼，你也吃不着。如改作判断乙：鱼在网中。因鱼不一定落网，故判断乙的失误可能性相当大。但判断乙如果无误，则其实用价值较大，把网提上来，你就可以吃鱼了。

统计意义上的推断，通常都不把置信度定为 100%。比如推断说：某铁矿石含铁量在 100% 之间，该判断本身完全正确，是一个必然事件，置信度是 100%。但这样的判断，因置信区间过宽，一点用处都没有，所以这是一句完全正确的废话。

作判断时，置信度的高低应定得合适，使置信区间的宽度足够小，而置信概率又很高。在日常生活中，人们的判断若有 90% 或 95% 的把握性，就认为这种判断基本上是正确的。在化学中作统计推断时，通常取 95% 的置信度。当然这并不是固定不变的，有时也采取 90%、99% 等数值。

3.1.3 预测平均值

如果让某人分析上述标准样品四次，用平均值报告磷含量。甲判断说：四次分析的平均值(%)在 0.079 ± 0.001 之间，即 X 在 $0.078 \sim 0.080$ 之间。若与人打赌，问甲取胜的把握有多大？

前已述及 $\sigma_{\overline{X}} = \dfrac{\sigma}{\sqrt{n}}$，则：

平均值 $\overline{X} = \mu \pm u\sigma_{\overline{X}} = \mu \pm u\dfrac{\sigma}{\sqrt{n}}$

现已知 $\sigma = 0.002$，$n = 4$，则：

$$\sigma_{\overline{X}} = \frac{\sigma}{\sqrt{n}} = \frac{0.002}{\sqrt{4}} = 0.001$$

所以，$u = 1$，即甲取胜机会是 68%。

上述例子，都是说总体遵从正态分布，且总体均值μ及标准差σ都是已知的。在这些条件下，预测新的一次测定值可能落在什么范围内，都利用了u值。根据u值表，可知判断(预测)的置信度。

例如：

$X=\mu\pm0.67\sigma$，或$\overline{X}=\mu\pm0.67\frac{\sigma}{\sqrt{n}}$，其置信度为50%；

$X=\mu\pm1.96\sigma$，或$\overline{X}=\mu\pm1.96\frac{\sigma}{\sqrt{n}}$，其置信度为95%；

$X=\mu\pm2.58\sigma$，或$\overline{X}=\mu\pm2.58\frac{\sigma}{\sqrt{n}}$，其置信度为99%。

综上所述，在预测标样的分析值时，先选定标样的标准值μ作为基准，在μ的两边各定出一个界限，称为置信限。预测X，置信限是$u\sigma$；预测平均值，置信限就需相应地采用平均值标准差，即$u\frac{\sigma}{\sqrt{n}}$。用这两个置信限在μ的两边划出的区间，叫置信区间。根据u值表，可以预测测定值X(或平均值$\overline{X}$)出现在u附近的置信区间内的置信概率是多少，亦即置信度是多少。在设置信限时，通常都是在μ值的左右两边对称地设相同大小的置信限，这是因为样本值X落在对μ左右对称的区间的概率较大些。

3.2　总体平均值μ的区间估计

上面讨论的都是总体均值μ和总体标准差σ已知，预测或估计测定值X出现在u附近的给定区间的概率是多少。

3.2.1　由样本值X估计总体均值μ

在实际测量中，我们真正关心的是：被测之量的总体均值μ是多少？我们是用测定值(随机变量X)来估计总体均值μ。如果总体标准差是已知的常数，从简单代数上说，以下两式：

① 式 $\mu-u\sigma\leqslant X\leqslant\mu+u\sigma$

② 式 $X-u\sigma\leqslant\mu\leqslant X+u\sigma$

是完全等效的。但是，从概率的意义上说，这两式是有区别的。因为，对于一个客观存在的恒定真值(非随机变化的)μ值来说，似乎谈不上什么概率问题。

事实上，①式的含义是“一个随机变量X出现在指定区间($\mu-u\sigma$，$\mu+u\sigma$)内”这一事件的概率；而②式的含义则是“宽度一定而其中心值作随机变动的区间($X-u\sigma$，$X+u\sigma$)，其中包含一个恒定值μ”这一事件的概率。后一事件可以形象化地表示如图3.1。图中每一条垂直线的中心代表测得值X，而两端则代表区间($X-u\sigma$，$X+u\sigma$)的范围。对于每一次测定结果来说，垂直线可能与水平线$X=\mu$相交或不

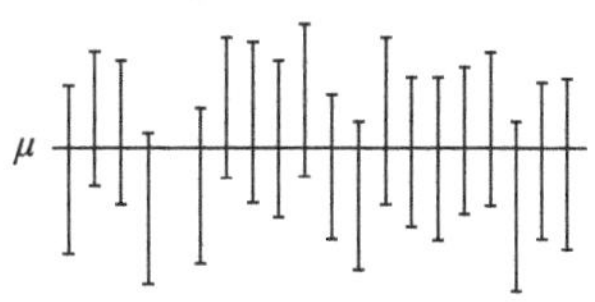

μ

图3.1　μ的区间估计

相交。关于 μ 的置信问题，也就是相交的可能性(置信概率)与垂直线长度(置信区间宽度)之间的关系。

3.2.2 由样本平均值 $\overline{X}$ 估计总体均值 μ

实际上，有限次测量是得不到 μ 和 σ 的。对于未知样，由于不知道 σ 值，就很难由样本值 X 作出置信区间的宽度来。这时我们可以由样本平均值 $\overline{X}$，利用 t 分布估计总体均值 μ：

$$\mu=\overline{X}\pm t\frac{S}{\sqrt{n}} \tag{3.1}$$

式中，t 值是随着置信概率和自由度而变的系数，t 称为置信因子。由附表 2 可见，在相同显著水平下，自由度越大，$t_{(\alpha,f)}$ 的值越小。当 $f\to\infty$ 时，t 值便与正态分布的 u 值一致。这是因为重复测定次数越多，所得平均值 $\overline{X}$ 就与 μ 越接近，而且表征平均值 $\overline{X}$ 的离散程度的标准差 $S_{\overline{X}}$，也越来越小(因 $S_{\overline{X}}=\frac{S}{\sqrt{n}}$)。以相同的置信概率去估计总体均值 μ 时，所得置信区间一定随 n 增大而越来越窄，与此同时，样本标准差 S，亦随 n 增大而愈益接近于 σ，故置信因子 t 随 n 增大而变小。直到 $n\to\infty$，样本平均值 $\overline{X}$ 也就是总体均值 μ，样本方差 S^2 也就是总体方差 σ^2，两者不再有区别。换言之，当 $n\to\infty$，用 $\overline{X}$ 作为 μ 估计量，不再有任何不确定度。

如果样本容量 n 相同，即自由度 f 相同，那么以不同的置信概率去估计总体均值 μ 时，所得的置信区间的宽窄也不同。当样本值已经取得，则 S 及 f 已知，要想使作出的推断犯错误的概率变小(使 α 变小)，置信因子 $t_{(\alpha,f)}$ 一定随 α 减小而增大，置信区间也变宽。

总之，在作了 n 次重复分析后，只要选定显著性水平 α，我们就可以利用式(3.1)得到一个置信区间。如果我们再作另一批 n 次平行分析，得到另一组容量为 n 的随机样本值，在相同显著性水平下，我们又可得另一套 $\overline{X}'$、S' 和置信区间。而且由于 $\overline{X}$ 和 $\overline{X}'$ 不同，S 和 S' 不同，在相同显著性水平及自由度下，置信区间的宽度及其中心值位置都不同。区间估计的真正含义是：若对某一物理量作许多批样本容量都是 n 的平行分析，如果使用 95% 的置信区间，那么尽管置信区间的宽窄不一，中心值的位置也在波动，但是可以预期，它们当中有 95% 置信区间会包含总体均值 μ 在内。或者假如一个人重复使用 95% 置信区间来估计参数 μ，每次都说区间包含真值参数 μ 值，那么他能够预期在全部结论中有 5% 是错误的。

由此可见，平均值的 95% 置信区间的含义是：有 95% 把握，该区间把总体均值包含在内。所以我们不能只用有限次测量的平均值(点估计)来表达分析结果，必须用置信区间和置信概率(区间估计)来表示，即 $\mu=\overline{X}\pm t_{(\alpha,f)}\frac{S}{\sqrt{n}}$。

【例 3.1】某人分析纯明矾中的 Al 含量得到以下 9 个数据(%)：10.74，10.77，10.77，10.77，10.81，10.82，10.73，10.86，10.81。试加以统计处理，并报结果。

解：本题中 $n=9$，所以 $f=n-1=9-1=8$

$$\overline{X}=\frac{1}{9}\sum X_i=10.79$$

$$S=\sqrt{\frac{\sum X_i^2-\frac{(\sum X_i)^2}{n}}{n-1}}=0.042$$

取 $\alpha=0.05$，查附表 2，$t_{(0.05,8)}=2.31$，所以 95% 置信区间为：

$$\mu=\overline{X}\pm t_{(0.05,8)}\frac{S}{\sqrt{n}}=10.79\pm\frac{2.31\times 0.042}{\sqrt{9}}=10.79\pm 0.04$$

答：有 95%把握断定区间（10.75%～10.83%）将把纯明矾中含铝量的真值包含在内。

实际上，这一区间的确包括明矾含铝量的理论真值 10.77%在内，表明这个判断和实际相符，从而表明这个人，用这个方法，在该实验室的试剂、设备、环境等条件下所得的分析结果是可靠的，不能认为分析中存在系统误差。测定平均值（10.79%）和理论值（10.77%）之间的差值 0.02%，是由随机误差（$S=0.04\%$）引起的。

3.3 测定结果的不确定度和分析结果的表达

在上述讨论中曾一再指出：实际上，测定是得不到真值的，只能逼近真值，对真值作出比较好的估计。因此任何测定结果都有不确定度，不确定度反映和表达了分析结果的可靠性。

想通过一组分析数据（随机样本），来反映该样本所代表的总体，有三个数字是必不可少的：

① 样本平均值 $\overline{X}$；

② 样本标准差 S；

③ 样本容量 n。

有了这三个基本数字后，又应如何简明、正确地表达分析结果？到目前为止，还缺乏大家一致公认的标准的程序，尤其在我国，甚至某些标准参考物质的证书，有时只写明“标准值”的数字，而不说明该标准值的不确定度。

很明显，像下列几种表达分析结果的方式，也是不明确的：

① 样本平均值 ± 平均偏差($\overline{X}\pm d$)；

② 样本平均值 ± 标准差($\overline{X}\pm S$)；

③ 平均值 $\overline{X}$ 等于某数，相对标准差等于某数。

因为这些式子中的 d 或 S，到底是指个别测定值的平均偏差或标准差，还是指平均值 $\overline{X}$ 的平均偏差或平均值标准差都是不明确的；此外，所有这三种表达方式，都未说明 n 是多少，而没有 n 或 f 值，就无法对该标准值作区间估计。

有人建议，用置信区间 $\mu=\overline{X}\pm\frac{tS}{\sqrt{n}}$ 来表达真值的估计量及其不确定度。这是可以考虑的表达分析结果及其随机不确定度的方案之一。该方案中，不仅要标明 $\overline{X}$、S、n 三个基本数字，还需指明显著性水平 α。该方案的弱点是未指明系统不确定度。

当测定中存在系统误差 B 时，测定结果可以表示为：

$$\mu = \overline{X} + B \pm \frac{tS}{\sqrt{n}}$$

式中，系统误差 B 取代数值。

鉴于直至目前，尚无大家普遍接受的表达分析结果的标准程序，看来较好的方法是：为避免含糊，对准确度（或不确定度）的说明，最好用语句形式，而不要用简略的符号，或单纯的几个数字。

【例 3.2】某人对赤铁矿的全铁量分析结果，可表述如下：10 次重复测定结果的算术平均值是铁含量 66.66%，平均值的标准差 $S_{\overline{X}} = 0.02\%$。

标准差所表达的只有随机不确定度。所以这里没有对总的系统不确定度作估计。如果能够估计出系统不确定度，在此也应注明。这样表达分析结果的好处，一是简要、明确；二是已经提供了估计不确定度所需的必要的数据资料，使用者可根据各自的意愿和程序，对该分析结果的不确定度作出各自的判断。

3.4　有效数字的合理取舍

在表达分析结果及其不确定度时，应该注意有效数字的合理取舍。

标准差、置信限（或置信区间）和平均值都是同量纲的数，计算并表达它们时，应按有效数字运算法则保留有效数字位数。事实上，没有好的精密度就不能保证有好的准确度。因此反映精密度的标准差，和一定程度上反映准确度的平均值之间，各自保留的有效数字位数，应该彼此相互匹配，做到旗鼓相当。分析结果的表达，应让人们对分析的准确度和精密度有所了解和信赖。现举例说明如下。

【例 3.3】对阿波罗 1 号从月球上取回的土样的含碳量做了四次平行测定，得到的数据为 130μg/g、162μg/g、160μg/g、122μg/g，求平均含碳量，95%置信区间。

解： 含碳量平均值 $\overline{X} = \frac{1}{n}\sum X_i = 143.5 = 144\mu g/g$

样本标准差 $S = \sqrt{\frac{\sum (X_i - X)^2}{n-1}} = 20.49 = 21\mu g/g$

平均值标准差 $S_{\overline{X}} = \frac{S}{\sqrt{n}} = 10.24 = 11\mu g/g$

$\alpha = 0.05$ 时，查 t 分布表：

$$t_{(0.05,3)} = 3.18$$

所以 95%置信区间为：

$$\mu = \overline{X} \pm t_{(\alpha,f)} \frac{S}{\sqrt{n}} = 144 \pm 3.18 \times \frac{20.49}{\sqrt{4}}$$

$$=144\pm32.6=(1.4\pm0.4)\times10^2\mu g/g$$
$$=0.014\%\pm0.004\%$$

由本例保留有效数字的情况，可概括成这样几条经验规则：

① 平均值的标准差 $S_{\overline{X}}$ 应舍至不超过两位有效数字；测定次数 n 较少时(如 $n\leqslant10$)，$S_{\overline{X}}$ 可以只有一位有效数字。舍入的结果通常是使准确度的估计值变得更差一些。如本例中 $S_{\overline{X}}$ 不应作 10.24μg/kg，而应为 11μg/kg，或甚至 0.002%。

② 平均值 $\overline{X}$ 应舍到平均值标准差 $S_{\overline{X}}$ 能影响的那位数。如本例，因 $S_{\overline{X}}=0.002\%$，故 $\overline{X}$ 不应作 143.5μg/g，而应为 0.014%。

③ 说明置信限时，则应该根据未经舍入的平均值的标准差 $S_{\overline{X}}$ 来计算，最后根据平均值 $\overline{X}$ 的位数来定。如本例的置信限应为 $3.18\times10.24=32.57\times10^{-6}=0.004\%$。不应写作 $3.18\times0.002\%=0.007\%$。

④ 对于比 1 大得多的数字，应避免无效的零，应该用指数形式明确表示有效数字的位数。如本例的 95% 置信区间不应作 $(140\pm40)\times10^{-6}$，而应写作 $(1.4\pm0.4)\times10^2\mu g/g$。或者在可能时变换单位，以求作明确表达。如本例的 95% 置信区间可表达为 $(0.014\pm0.004)\%$，即 0.010% ～ 0.018%。

⑤ 由以上可见，以平均值报告结果时，通常其有效数字位数与测定值的位数相同，如测定值有三位数，平均值也就报三位数。但是，如果精密度不好，即使每个测定值有三位有效数字，在以平均值报告分析结果时，就不一定仍保留三位。如本例 $\overline{X}=0.014\%$，只有两位有效数字。同理，置信区间也只有两位有效数字。另一方面，如果样本容量 n 比较大，而精密度又比较好，即 $S_{\overline{X}}$ 值较小，那么报告结果时平均值的有效数字，也可以比原测定值的有效数字多保留一位。但最多也只能多保留一位，且习惯上把多保留的那位数字用小一号的字体书写，以资区别。

第 4 章
分析结果的统计检验

4.1　统计检验概述

测量的目的是为了求得某物理量的值。由于测量是个复杂过程，每一步骤，每一处理，都可能带进一些误差：①随机误差；②系统误差；③过失误差。这几类误差在原则上是不难区别的，但在实践过程中，经常纠缠在一起，除了极为明显的情况外，一般是难以直观分辨的。统计检验就是用数理统计这个科学方法，帮助我们处理这类问题。

先说过失误差。过失是由测试全过程（包括最后的数据处理过程在内）中存在错误所造成的，常表现为巨差，应舍弃不用。在一组数据中，真正表现为巨差的异常值，其产生的原因（过失），在仔细回顾和检查测试全过程以后，有时是可以发觉的。只要确认有某种过失存在，该异常值显然可以弃去。但有时在一组样本值中，个别离群值，既未表现为明显的巨差，其所以产生的技术上的原因又难以找到，这时就会发生一个问题，在报告结果时这个离群值要不要？能否将它弃去？在处理少量数据时，测定值的取舍必须慎重，因为离群值的去留会影响平均值及精密度。我们不应为了追求表面上的“高精度”而轻率地舍弃离群值，应该遵循一定的规则，决定个别离群值的取舍。

其次，分析数据是分析人员按照一定的方法，在一定的环境中，利用仪器设备测量出来的。分析结果质量（准确度和精密度）的好坏取决于人、方法、仪器设备和环境等几个方面。数据的波动或分布是由分析过程中大量的变动因素所造成的，例如上述几个方面的任何变动都会造成数据波动。按照它们对分析过程影响的程度与消除它们的可能性考虑，可将这些因素分为两大类。一类称为经常作用的因素，另一类称为可避免（或可校正的）的因素。一般说来经常作用的因素数目较多，但它们各自对分析结果波动的影响不大，而且也不易逐一加以识别，在技术上也不易将其消除。这类经常作用的因素，每个的影响虽然很小，但因素很多，积累起来也很可观。这类因素使波动经常保持在某一范围内，我们把它称为正常的原因。由正常原因引起的分析误差称为随机误差，又叫偶然误差。测量值带有偶然误差是经常存在的正常现象。随机误差影响分析的精密度，它通常遵循正态分布。

至于可避免因素，它们对结果的影响大，易于识别，而且只要找准原因，在技术上是可以避免或加以校正的。我们把第二类因素称为异常原因。由异常原因引起的误差叫作偏倚，又叫系统误差。偏倚会使在一定精度下多次测定的平均值与真值不相符，所以它影响准确度。偏倚通常不遵循正态分布。测量值带有偏倚是异常现象，是在特定条件下存在的现象。一般说来，只要控制好条件，可以避免（或校正）偏倚。

在测试过程中，只存在正常原因，则数据特征形成的波动属于正常范围，此时分析测试过程是稳定的。

当分析过程出现了异常原因，数据特征形成的波动就是不正常的，此时就应该采取措施，以保证分析过程的正常进行。

在厂矿、地质、环保等部门的实验室里，要从事大量常规分析，如何及时发现分析过程中的不正常现象而加以调整控制，以免再出不合格数据；在科研工作中，如何处理各实验室间协同实验的大批数据，以求出共同试样的标准值；在拟订分析方法时，如何选择和控制各种条件因素，以保证该方法能获得稳定、可靠的分析结果，以及其他等等。所有这些都要求我们对数据进行检验。

【例 4.1】某钢厂化验室的某工人，在接班时，为了检查仪器、试剂、操作、环境等实验条件是否正常，先取标准钢样作分析［$P(\%)=\mu=0.079$，$\sigma=0.002$］。若他所得的结果是 $P(\%)=0.0073$ 和 0.077，试问实验条件是否正常？

解：假设该工人接班时，所有实验条件都是正常的，不存在条件误差，那么他所得数据是这个总体的随机样本，或样本仍可看作是从原来总体抽取的，只是由于分析中存在随机误差，才使这两个数据在数值上和标准值 μ 有所不同。我们称这类假设为统计假设，或原假设，或零假设，或简称为假设，记作 H_0。与原假设相反的假设称为备择假设，记作 H_1。按照这一统计假设，$\overline{X}$ 就应遵循正态分布 $N(\mu, \frac{\sigma^2}{n})$，用 $\overline{X}$ 估计的总平均值 $\hat{\mu}$ 和 μ 之间，不应该有显著差异。即：

统计假设 H_0：$\hat{\mu}=\mu$

这个统计假设 H_0 到底对不对呢？我们应该对它进行检验，即由已经取得的样本值，算出统计量 $\overline{X}$ 的值，用它作为总体均值 μ 的估计量，亦即令 $\hat{\mu}=\overline{X}$。然后看 $\hat{\mu}$ 和 μ 两者之间有无显著差别。如果差别是显著的，我们就否定原假设。如果 $\hat{\mu}$ 和 μ 的差别是不显著的，那么我们说，根据现有的数据，不能否定原假设，因而只能接受原假设。这类检验叫作参数显著性检验。

现在 $\overline{X}=\frac{1}{2}(0.073+0.077)=0.075$，该 $\overline{X}$ 值落在下列区间之外：

$$(\mu-1.96\sigma/\sqrt{n},\ \mu+1.96\sigma/\sqrt{n})$$
$$=(0.079-1.96\times0.002/\sqrt{2},\ 0.079+1.96\times0.002/\sqrt{2})$$

$=(0.076,\ 0.082)$

从 u 值表可见，这一事件的概率仅为 5%，即 20 次才能出现一次，因此，我们认为该样本平均值 $\overline{X}$，来自正态分布 $N(\mu, \frac{\sigma^2}{n})$ 的可能性太小了，不能相信原来提出的统计假设是正确的，从而否定原假设，认为接班时的实验条件可能有问题，亦即接班时存在条件误差，需要仔细检查仪器、设备、试剂溶液以及打扫环境，等等。

这就是统计检验的基本思想。

统计检验的解题步骤如下：

① 根据实际问题提出原假设和备择假设；

② 从原假设出发，根据有关的随机变量的概率分布确定出一个区域，称为否定域；

③ 根据原假设，找一个合适的统计量函数式，然后代入样本值，计算有关的统计量值；

④ 作出判断，如果统计量的值落入否定域，则否定原假设；如果没有落入否定域，则原假设成立。

4.2 小概率事件原则和第Ⅰ类错误与第Ⅱ类错误

在概率论中把概率很小的事件称为小概率事件（一般情况下，把概率在 0.05 以下的事件称为小概率事件），在 4.1 小节中，我们运用的就是概率论中的小概率事件原则。

所谓小概率事件原则就是：如果一个事件发生的概率很小，那么在一次试验中，实际上可把它看成是不可能事件，也就是说，小概率事件在一次试验中实际上是不可能发生的。如果在一次试验中，某个小概率事件竟然发生了，那么就认为这是一种反常现象。

由上述实例可知，我们否定假设的根据是因为由样本平均值 $\overline{X}$ 估计的 $\hat{\mu}$ 与总体平均值 μ 相差较大，所以说它们有显著的差异，但是，究竟相差多大才算是显著的呢？上例中，我们以 $\overline{X}$ 的标准差的 1.96 倍为标准，即：

$$|\overline{X}-\mu|>1.96\sigma/\sqrt{n}$$

时就算是差异显著。由附表 1 可见，u 值等于 1.96 时，较大误差出现的概率是 5%，这个 5% 数值叫作显著性水平(又叫危险率)，通常用 α 表示。3.1 小节中曾说，$u=1.96$ 时判断的置信度是 95%，这是指较小误差出现的概率是 95%。由此可见，显著性水平 α 和置信度，是一件事的两个方面。

置信度即判断的可靠把握程度，它包括两重意义：一是置信区间(区间估计)；二是置信概率。良好的统计推断，应使得置信概率很高而区间宽度又足够小，这样的推断，才是既可靠、又有用。

统计推断是不可能不冒犯错误的风险的。统计推断有犯两类错误的危险。

① α—— 犯第 Ⅰ 类错误的危险率，即把好的结果当作不好的结果而舍掉的危险性。或者说，统计假设属真，而我们否定了它，犯拒真的错误。

② β—— 犯第 Ⅱ 类错误的危险率，即把坏的结果当作好的而接受下来的危险性。或者说，统计假设本来不真，而我们接受了它，犯受伪的错误。

现就上例来讨论 α 和 β 的含义。

上例的统计假设 H_0 是：$\hat{\mu}=\mu$

统计量 $\overline{X}$ 是个随机变量，$\overline{X}$ 的值随随机样本 X 取值不同而变化，我们用 $\overline{X}$ 作为 μ 的估计量 $\hat{\mu}=\overline{X}$，因此 $\hat{\mu}$ 的值恰巧等于标准值 μ 的可能性极小，$\hat{\mu}$ 和 μ 或多或少总是有差异的，只要差异不超出某个范围，我们就认为两者差异不显著，直到 $\hat{\mu}$ 和 μ 之间的差异超出某个范围，我们才认为 $\hat{\mu}$ 和 μ 两者有显著性差异，才认为该组样本值并不是从这个总体中随机抽取的。

本例题解选定显著性水平 $\alpha=0.05$，因 $\overline{X}=0.075$，已经超出 95% 的置信区间 (0.076 ～ 0.082) 这个范围了，认为 $\hat{\mu}$ 和 μ 已有显著性差异，从而否定假设，认为 $\hat{\mu}\neq\mu$。但是，在前面置信区间的讨论中，已经谈过，$\overline{X}$ 落在 $(\mu\pm1.96\sigma/\sqrt{n})$ 这个置信区间之内的概率是 95%，还有 5% 的 $\overline{X}$ 值是落在这个区间以外的，这本来也是正常的 $\overline{X}$ 分布。现在本例题解按照小概率事件原则把 $\overline{X}=0.075$ 判为异常，很显然，这种判断错判的概率(犯第 Ⅰ 类错误的危险率) 为 5%，亦即有可能把本来属于正常分布的那 5% 的好的结果，错判成坏的结果。认为统计假设应该否定(拒真)，认为接班时的实验条件有问题，于是更换试剂溶液、检查修理仪器、打扫环境等等。而实际上，也可能只是一场虚惊，可能一切实验条件本来是完全正常的，$\overline{X}=0.075$，只不过是由于随机取样造成的。所以从化验质量管理来看，犯第 Ⅰ 类错误又叫犯虚发警报的错误。

如果在上例中，选 $\alpha=0.01$，那么 99% 置信区间应该是：

$$\mu\pm2.58\sigma/\sqrt{n}=(0.07\sim0.083)$$

这时，$\overline{X}=0.075$ 就正好落在这个区间之内，于是推断说：有 99% 的把握认为 $\hat{\mu}$ 与 μ 没有显著性差别，认为这一班的各种实验条件都是正常的，不再作任何检查和更换。然而，也许这 $\overline{X}=0.075$ 的确是由于实验条件不正常而引起的异常结果，的确是个坏的结果，你为了减少犯第 Ⅰ 类错误的危险率，扩大了置信区间，从而把它错判为正常的好结果，接受了下来，这就是犯第 Ⅱ 类错误。这样，也许在这一工作日中所报出去的一系列同类型的分析结果，因当天实验条件有异常而出了差错。所以从化验质量管理角度来看，β 是犯第 Ⅱ 类错误的危险率，也叫漏发警报、包庇隐患的危险率。

总之，统计推断，不可能没有犯错误的风险，减小 α(提高置信度)，会增大犯 β 错误的概率；增大 α，则增大了犯第 Ⅰ 类错误的危险性。统计推断不论犯哪一类错误，都会因判断失误而造成损失。在统计上，以“使风险损失率最小”作为确定显著性水平(α 值) 的原则。当然，这里所说的风险损失率，是把犯 α 错误损失的可能性，和犯 β 错误的可能性综合在一起考虑的总风险损失率。

α 选多大合适，往往要视具体情况而定。例如，医药质量检验，事关性命大事，如果 α 取得过小，就可能将本来是质量和纯度不合格的次品当成正品接受了，从而造成医疗事故。因此，在检验时宁可冒犯第 Ⅰ 类错误的危险，拒绝接受某些正品，也决不愿意冒犯第Ⅱ类错误的危险，将次品作为正品接受。为此，要选择较大的α。在另外一些场合，例如原料的检验，有时原料中某一成分含量的某些变动，并不对生产过程和产品质量发生重大影响，这时即使把不合格的原料当成了合格的原料接受，关系也不是很大，因此，α可以选择小一些。反之，如果α取得过大，对原料质量要求过严，将本来还可用的材料作为不合格材料，反而会造成经济上不应有的损失。作为一般原则，在分析测试中，通常选择显著性水平$\alpha=0.05$作为检验标准。

4.3 u 检验

u检验法适用于总体标准差σ已知的情况，也包括虽然σ未知，但样本容量很大($n>100$)，因而，可以S代替σ的情况。这种情况是标准差比较稳定，只需对均值作检验。例如，将一个样品的随机样本与其已知的μ和σ的总体比较，看它是否属于这个总体，也就是检验两个均值是否有显著性差异的问题。下面通过几个实例来说明如何进行u检验。

【例4.2】已知某种分析测定结果的标准差$\sigma=0.05\%$。某人对已知标准值$\mu=2.01\%$的标样做了10次分析，得到平均值为$\bar{X}=1.98\%$，问其分析结果与标准值是否有显著差异?

解：我们先假设分析结果与标准值没有显著差异，也即认为该样本来自于总体均值为μ的总体。换言之，设该样本属于另一个已知总体均值为μ'的总体的话，这时所做的统计相当于说$\mu'=\mu$，备择假设$\mu'\neq\mu$。

$$H_0: \mu'=\mu$$

$$H_1: \mu'\neq\mu$$

已知，当随机变量$X\sim N(\mu', \sigma^2)$时：

$$u=\frac{\bar{X}-\mu'}{\sigma/\sqrt{n}}\sim N(0, 1)$$

其中μ'未知，但根据H_0，可将μ代入，于是有：

$$u=\frac{\bar{X}-\mu}{\sigma/\sqrt{n}}\sim N(0, 1)$$

据此，如果我们取$\alpha=0.05$的话，又有：

$$P\{|u|\leqslant 1.96\}=0.95$$

或

$$P\{|u|>1.96\}=0.05$$

因为$\alpha=0.05$值很小，$|u|>1.96$应认为是不可能发生的事件；如果发生了，就说明实际上$\mu'\neq\mu$，即H_0不成立。这样，我们自然想到，可以选取统计量：

$$u_0=\frac{|\bar{X}-\mu|}{\sigma/\sqrt{n}}>1.96$$

为否定域。

计算本例的统计量：

$$u_0=\frac{2.01-1.98}{0.05/\sqrt{10}}=1.90<1.96$$

因为统计量没有落入否定域内，故不能否定 H_0，即认为分析结果与标准值无明显差异。

上述计算如果改为 $\alpha=0.10$，则否定域变为 $|u|>1.65$，则 H_0 被否定。可见检验结果与 α 取什么值有关。

【例 4.3】某人做同样分析 12 次(同例 4.2)，得到平均值 2.09%，问该结果能否认为偏高?

解：基本假设应该是该分析结果不偏高，即：

$$H_0: \mu' \leqslant \mu$$

$$H_1: \mu' > \mu$$

注意与上例不同，这里的备择假设只考虑 $\mu'>\mu$ 单方面情况，称为单侧检验，所以仍取 $\alpha=0.05$ 的话，应有：

$$P\{-\infty < u < 1.65\} = 0.95$$

或
$$P\{u > 1.65\} = 0.05$$

所以 $H_0: \mu' \leqslant \mu$ 的否定域为 $u^+ = \dfrac{\overline{X}-\mu}{\sigma/\sqrt{n}} > 1.65$

统计量 $u^+ = \dfrac{2.09-2.01}{0.05/\sqrt{12}} = 5.54 > 1.65$

故否定 H_0，接受 H_1，即认为分析结果显著偏高。

【例 4.4】某种合金要求含某成分不低于 5.00%，今做 10 次分析，测定结果的平均值为 4.89%。已知此种测定的 $\sigma=0.20\%$，问在实验误差范围内能否认为该合金不符合规格?

解：基本假设应是分析结果符合规格，即：

$$H_0: \mu' \geqslant \mu$$

$$H_1: \mu' < \mu$$

与例 4.3 相同，这也是单侧检验，因为有：

$$P\{-1.65 \leqslant u < +\infty\} = 0.95 \text{ 或 } P\{u < -1.65\} = 0.05$$

所以 $H_0: \mu' \geqslant \mu$ 的否定域是：$u^- = \dfrac{\overline{X}-\mu}{\sigma/\sqrt{n}} < -1.65$

计算本例统计量：$u^- = \dfrac{4.89-5.00}{0.20/\sqrt{10}} = -1.74 < -1.65$

故否定 H_0，接受 H_1，即认为该合金不符合规格。

上述三种统计检验的否定域用图来表示见图 4.1。

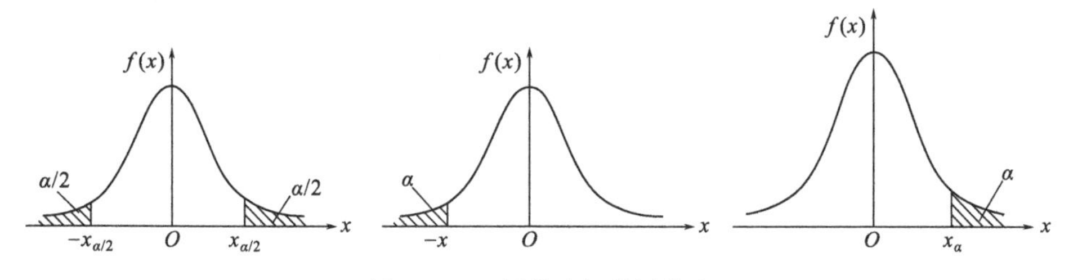

图 4.1　双侧检验与单侧检验

通过上面三个实例的讨论后，现将 u 检验归纳如下(见表 4.1)：

① 前提条件 $\overline{X} \sim N(\mu,\sigma/\sqrt{n})$，$\sigma$ 已知；

② 有关统计分布 $u=\dfrac{\overline{X}-\mu}{\sigma/\sqrt{n}} \sim N(0,1)$；

③ 有关统计假设，统计量和否定域列于表 4.1 中。

表 4.1　u 检验的统计量和否定域

统计假设	统计量	否定域	备注
H_0：$\mu'=\mu$ H_1：$\mu'\neq\mu$	$u_0=\dfrac{\lvert\overline{X}-\mu\rvert}{\sigma/\sqrt{n}}$	$u_0>1.96$ ($\alpha=0.05$) >1.65 ($\alpha=0.10$) >2.58 ($\alpha=0.01$)	双侧
H_0：$\mu'\leqslant\mu$ H_1：$\mu'>\mu$	$u^+=\dfrac{\overline{X}-\mu}{\sigma/\sqrt{n}}$	$u^+>1.65$ ($\alpha=0.05$) >1.96 ($\alpha=0.025$)	单侧
H_0：$\mu'\geqslant\mu$ H_1：$\mu'<\mu$	$u^-=\dfrac{\overline{X}-\mu}{\sigma/\sqrt{n}}$	$u^-<1.65$ ($\alpha=0.05$) <-1.96 ($\alpha=0.025$)	单侧

注：$\overline{X}$ 为样本均值；n 为样本容量($n\geqslant 1$)；μ 代表已知值，μ' 代表样本所属总体的均值。

4.4　t 检验及其应用

当 σ 未知而样本容量又不大时，关于 μ 的假设检验须用 t 分布。

4.4.1　t 检验原则

已知当随机变量 $X \sim N(\mu,\sigma)$ 时，若抽取一个容量为 n 的样本，得到样本平均值 $\overline{X}=\dfrac{1}{n}\sum X_i$，则 t 变量：

$$t=\frac{\overline{X}-\mu}{S/\sqrt{n}} \sim t\ 分布$$

其中 S 为样本标准差。因此有：

$$P\{-t_{(\alpha,f)} \leqslant t \leqslant +t_{(\alpha,f)}\}=1-\alpha$$

同时有：

$$P\{-\infty < t \leqslant +t_{(2\alpha,f)}\}=1-\alpha,\ P\{-t_{(2\alpha,f)} \leqslant t < +\infty\}=1-\alpha$$

这样，类似于 u 检验，在 t 检验中关于 μ 的统计假设，统计量和统计假设的否定域见表 4.2。

表 4.2　t 检验的统计量和否定域

统计假设	统计量	否定域	备注
H_0：$\mu'=\mu$ H_1：$\mu'\neq\mu$	$t_0=\dfrac{\lvert\overline{X}-\mu\rvert}{S/\sqrt{n}}$	$t_0>t_{(\alpha,f)}$	双侧

续表

统计假设	统计量	否定域	备注
H_0：$\mu' \leqslant \mu$ H_1：$\mu' > \mu$	$t^+ = \frac{\overline{X} - \mu}{S/\sqrt{n}}$	$t^+ > t_{(2\alpha, f)}$	单侧
H_0：$\mu' \geqslant \mu$ H_1：$\mu' < \mu$	$t^- = \frac{\overline{X} - \mu}{S/\sqrt{n}}$	$t^- < -t_{(2\alpha, f)}$	单侧

【例 4.5】做某成分分析，获得以下结果（%）：100.3、99.2、99.4、100.0、99.4、99.9、100.1、99.4、99.6、99.4。问能否认为总体均值是 100%（$\alpha = 0.05$）？

解：已知 $\mu = 100.0$，$n = 10$

计算出 $\overline{X} = 99.67$　$f = n - 1 = 9$

$$S = \sqrt{\frac{\sum (X_i - \overline{X})^2}{n-1}} = 0.37$$

$$H_0：\mu' = \mu；H_1：\mu' \neq \mu$$

计算统计量　$t_0 = \frac{|99.67 - 100.0|}{0.37/\sqrt{10}} = 2.82$

H_0 的否定域　$t_0 > t_{(0.05,9)} = 2.26$(查附表 2)

由于 $t_0(2.82) > t_{(0.05,9)}$，故拒绝 H_0，接受 H_1，即根据检验结果，总体均值不是 100%。

【例 4.6】某化工厂生产的某种产品，在生产工艺改革前，产品中含铅量为 0.15%。经过生产工艺改革后，抽查产品含 Pb(%) 为 0.12、0.14、0.13、0.13、0.14。问经过工艺改革后，产品中含铅量是否明显降低？

解：已知 $\mu = 0.15$，$n = 5$

① 由样本测定值计算出均值 $\overline{X}$ 和标准差 S

$$\overline{X} = 0.13，S = 0.0084$$

② H_0：$\mu' = \mu$；H_1：$\mu' < \mu$

③ 计算统计量

$$t = \frac{\overline{X} - \mu}{S/\sqrt{n}} = \frac{0.13 - 0.15}{0.0084/\sqrt{5}} = -5.3$$

④ 选取 $\alpha = 0.05$，本例题与例 4.2 不同，是单侧检验，H_0 的否定域为：

$$t^- < -t_{(0.10,4)} = -2.13$$

由于 $t^-(-5.3) < -t_{(0.10,4)}$，所以拒绝 H_0，接受 H_1，即经过工艺改革后，产品中含铅量有了明显降低。

4.4.2　t 检验的应用

(1) 用已知组成的标样评价分析方法

因为标样的含量是经过不同实验室的许多分析人员测试之后，按照统计方法正确计算得到的，因此，可以将其含量的标准值视为相对真值。从统计上看：如果样本是由同一总体抽取的，测定方法又不存在系统误差，则测定平均值尽管在数值上不一定和标样

标准值相等，但彼此之间的差异在选定的显著性水平 α 下也应该是不显著的。也就是说，用已知组成的标样来评价分析方法的问题，从统计检验观点看，实际上就是检验原假设 H_0：$\mu'=\mu$ 的问题。按照 t 检验的原则，在保证一定测量精密度的条件下，如果由有限次测定值计算的统计量大于相应显著性水平 α 和相应自由度 f 下的临界值 $t_{(\alpha,f)}$，则表明测定平均值与标准值属于同一总体的概率 $P(|t|>t_{(\alpha,f)})<\alpha$。如果选定 $\alpha=0.05$，则这是一个小概率事件。既然小概率事件发生了，说明原假设 H_0：$\mu'=\mu$ 不正确。就是说它们之间的差异不能认为是偶然误差，而是被检验的方法存在系统误差。

【例 4.7】用一新方法测定基准明矾中铝的百分含量，九次测定结果为：10.74、10.77、10.77、10.77、10.84、10.82、10.73、10.86、10.81。已知明矾含铝标准值为 10.77，试对该方法作出评价。

解：因为不管测定结果偏高或偏低，只要是超过了统计上所允许的某一范围，就认为有系统误差，因此，这是双边检验问题。

由样本测定值计算 $\overline{X}$ 和 S：

$$\overline{X}=10.79,\ S=0.046$$

$$H_0:\ \mu'=\mu;\ H_1:\ \mu'\neq\mu$$

计算统计量：

$$t_0=\frac{|\overline{X}-\mu|}{S/\sqrt{n}}=\frac{|10.79-10.77|}{0.046/\sqrt{9}}=1.30$$

选 $\alpha=0.05$ 时，H_0 的否定域：

$$t_0<t_{(0.05,8)}=2.31$$

因为 $t_0<t_{(0.05,8)}$，所以接受 H_0，即该分析结果与标准值不存在显著性差异，也就是说新方法不存在系统误差。

(2) 两组平均值的比较

不同分析人员、不同实验室用同一分析方法，或同一分析人员用不同的分析方法，即使测定由同一总体抽取的样本，所得到的测定平均值一般也是不相等的。造成不相等的原因，一是两组平均值之间实际上并无显著性差异，只是在有限次测定中由于随机因素的影响，使得测定平均值之间有此波动；另一种可能是各测定平均值之间有显著性差异。究竟是属于哪一种可能性呢？有时在直观上是不易判断的。

在制定分析方法时，为了寻找最佳的实验条件，预先要对影响试验结果的诸因素进行研究。当实验条件改变时，测定值要随之改变，即使实验条件不改变，由于随机因素的影响，测定值也要产生波动。只有在测定值随实验条件所产生的变化显著地大于测定值由于随机因素影响而引起的波动范围，才能确认实验条件对测定结果有影响。

上述这些问题，实际上都是两个平均值的比较问题，可借助于 t 检验来解决这些问题。从统计检验角度上看，就是检验原假设 H_0：$\mu_1=\mu_2$。与前面所述的将一组测定数据平均值与已知值比较是不同的，在检验 H_0：$\mu_1=\mu_2$ 时，被检验的两个平均值中任何一个都不能当作真值对待。在统计检验时，两个样本必须是从具有相同方差的总体抽取的(两个样本方差是否相同，要事先进行下面将要讲的方差检验来确定)。所以既要考虑

测定平均值 $\overline{X}_1$ 的测定误差对统计检验的影响，又要考虑测定平均值 $\overline{X}_2$ 的测定误差对统计检验的影响，就是说要使用合并标准差 $\overline{S}$ 进行 t 检验。合并标准差 $\overline{S}$ 的计算公式如下：

$$\overline{S}=\sqrt{\frac{(n_1-1)S_1^2+(n_2-1)S_2^2}{n_1+n_2-2}} \tag{4.1}$$

式中，S_1^2 为第一个样本的方差；S_2^2 为第二个样本的方差；n_1 与 n_2 分别为第一和第二样本的容量。

为了检验两个样本均值之间是否存在显著性差异，就要求得到两个平均值之差的标准差($S_{\overline{X}_1-\overline{X}_2}$)。根据随机误差的加和法则(误差传递)—— 两个随机变量之和或差的方差等于各自方差之和。两个样本均值 $\overline{X}_1$ 和 $\overline{X}_2$ 的方差分别为 S_1^2/n_1 和 S_2^2/n_2，则 $\overline{X}_1-\overline{X}_2$ 的方差应是：

$$S_{\overline{X}_1-\overline{X}_2}^2=\frac{S_1^2}{n_1}+\frac{S_2^2}{n_2} \tag{4.2}$$

又因为两个样本各自的方差(S_1^2 和 S_2^2)，都遵循共同的合并方差($\overline{S}^2$)，可认为 $S_1^2 \backsimeq S_2^2 \backsimeq \overline{S}^2$，故有：

$$S_{\overline{X}_1-\overline{X}_2}^2=\frac{\overline{S}^2}{n_1}+\frac{\overline{S}^2}{n_2}=\overline{S}^2\left(\frac{n_1+n_2}{n_1n_2}\right)$$

或者

$$S_{\overline{X}_1-\overline{X}_2}=\overline{S}\sqrt{\frac{n_1+n_2}{n_1n_2}} \tag{4.3}$$

按照 t 值的定义，两个平均值比较的统计量 t 值，应是两个平均值之差除以平均值之差的标准差，故有：

$$t=\left|\frac{\overline{X}_1-\overline{X}_2}{S_{\overline{X}_1-\overline{X}_2}}\right|=\left|\frac{\overline{X}_1-\overline{X}_2}{\overline{S}}\right|\sqrt{\frac{n_1n_2}{n_1+n_2}} \tag{4.4}$$

根据计算的统计量 t 值与查表所得的临界值 $t_{(\alpha,f)}$ 比较，若由样本计算的统计量大于 t 分布表中相应显著性水平 α 和相应自由度 $f(f=n_1+n_2-2)$ 下的临界值 $t_{(\alpha,f)}$，则拒绝原假设 H_0；若计算的统计量小于 t 分布表中相应显著性水平 α 和相应自由度 f 下的临界值 $t_{(\alpha,f)}$，就接受原假设 H_0；若统计量 t 值与临界值 $t_{(\alpha,f)}$ 相近似，则怀疑原假设 H_0，这时最好是继续进行试验，然后根据对新样本值的统计检验结果再决定是否接受原假设 H_0。

下面举例说明如何进行 t 检验。

【例 4.8】两人用同一方法对同一试样的分析结果如下：

甲：93.08，91.36，91.60，91.91，92.79，92.80，91.03

乙：93.95，93.42，92.20，92.46，92.73，94.31，92.94，93.66，92.05

试问甲乙两个分析结果之间有无显著性差异？

解：根据已知样本值计算出：

甲：$\overline{X}_1=92.08$，$S_1^2=0.65$，$n_1=7$

乙：$\overline{X}_2=93.08$，$S_2^2=0.64$，$n_2=9$

令 S_1^2 与 S_2^2 已通过方差检验(下一节将介绍检验方法)，计算合并标准差：

$$\overline{S}=\sqrt{\frac{(n_1-1)S_1^2+(n_2-1)S_2^2}{n_1+n_2-2}}=\sqrt{\frac{(7-1)\times 0.65+(9-1)\times 0.64}{7+9-2}}=0.80$$

$$H_0: \mu_1=\mu_2; \ H_1: \mu_1\neq\mu_2$$

计算统计量 $t=\dfrac{|92.08-93.08|}{0.80}\times\sqrt{\dfrac{7\times 9}{7+9}}=2.48$

选取 $\alpha=0.05$。本例是双侧检验，查 t 分布表临界值 $t_{(0.05,14)}=2.15$，否定域 $|t|>t_{(0.05,14)}$。

因为统计量 $|t|=2.48>t_{(0.05,14)}$，所以拒绝原假设 H_0，即两个人的分析结果之间存在显著性差异。

【例 4.9】用原分析方法四次测定铜合金中铜的含量，平均值为 65.61%。用改进后的方法进行六次测定，其铜含量平均值为 65.53%，10 次测定的标准差 S 为 0.070%。试问改进后的方法与原方法比较是否存在系统误差。

解： $H_0: \mu_1=\mu_2$；$H_1: \mu_1\neq\mu_2$

若 $\alpha=0.05$，其否定域为 $|t|>t_{(0.05,8)}=2.31$

计算统计量 $t=\dfrac{65.61-65.53}{0.070}\times\sqrt{\dfrac{24}{4+6}}=1.77$

因为 $t<t_{(0.05,8)}$，所以 H_0 成立，即新方法与原方法之间不存在系统误差。

(3) 比较不同试验条件的试验结果

在制定分析方法时为了寻求最佳的试验条件，预先要对影响试验结果的各种因素进行研究。通常有两种研究方法 —— 分析研究法和配对研究法。

① 分析研究法是在不同试验条件下分别进行多次重复试验，求得平均效果，即平均值，通过两个平均值的比较，确定两种试验条件的优劣。

【例 4.10】研究季铵盐(溴化十六烷基吡啶) 对二甲酚橙与稀土元素的显色反应影响，得到的吸光度值，在未加季铵盐之前为 1.22、1.17、1.18、1.23，平均值 $\overline{A}_1=1.20$。加入季铵盐之后为1.28、1.29，平均值 $\overline{A}_2=1.285$。试问加入季铵盐后吸光度是否确实提高了。

解： 本例问题是 $\overline{A}_2$ 是否显著地大于 $\overline{A}_1$，不是问两者有无差异，所以是单侧检验。

a. $H_0: \mu_2<\mu_1$；$H_1: \mu_2>\mu_1$

b. 计算样本均值和方差

$\overline{A}_1=1.20 \quad S_1^2=8.7\times 10^{-4}$

$\overline{A}_2=1.285 \quad S_2^2=0.5\times 10^{-4}$

c. 令 S_1^2 与 S_2^2 已通过方差检验

d. 计算合并标准差 $\overline{S}$

$$\overline{S}=\sqrt{\frac{3\times 8.7\times 10^{-4}+0.5\times 10^{-4}}{4+2-2}}=2.58\times 10^{-2}$$

e. 选取 $\alpha=0.05$ 时，否定域为 $t>t_{(0.10,4)}=2.13$

f. 计算统计量 $t=\dfrac{1.285-1.200}{2.58\times 10^{-2}}\times\sqrt{\dfrac{8}{2+4}}=3.8$

因为统计量 t 值落入否定域，所以 H_0 不成立，即有 95% 的把握说，加入季铵盐后吸光度确实显著地提高了。

② 配对研究法。配对研究法就是将比较的两因素成对地进行试验。当其他因素干扰效应与所研究因素的效应相比是足够大的，同一组的重复试验数据又比较分散时，采用分组研究法是不合适的，而应该采用配对研究法。例如在不同实验室由不同分析人员，或者由同一分析人员在不同时期分析组成不同的试样。这时除了所研究的因素之外，还包含了时间、样品组成、不同分析人员的操作方法和习惯等因素的影响。为了使在不同试验条件下得到的平均值的比较不受其他因素的干扰，采用配对研究法就更为合适些。

【例 4.11】取九个钢样，分别送到甲、乙两个实验室，测得其中的含碳量（%），结果见表 4.3。

表 4.3　钢样中碳含量测量数据

钢样	实验室甲	实验室乙	差值 d
1	0.22	0.20	+0.02
2	0.11	0.10	+0.01
3	0.46	0.39	+0.07
4	0.32	0.34	−0.02
5	0.27	0.23	+0.04
6	0.19	0.14	+0.05
7	0.08	0.13	−0.05
8	0.12	0.08	+0.04
9	0.18	0.16	+0.02

试决定两个实验室测得的钢样含碳量在显著性水平为 0.05 时，是否存在显著差异。

解： 本例中除了不同实验室这一因素外，还有试样组成这一因素，如采用分组研究法处理数据，则实验室和试样组成两个因素的影响是混杂在一起的。如果采用配对研究法时，每一对试验用的是同一组成的试样，测定结果的差异只反映两实验室之间的差异。

如果两个实验室的测定没有显著差异，则同一批试样两个实验室所得数据的差异属于随机误差。这些差值有正也有负，当测定次数无限多时，则两个实验室测定值之间的差值的平均值 d_0 应为 0。在有限次测定中，两实验室测定值之间的差值的平均值 $\overline{d}$ 虽不一定为 0，但与 0 之间应无显著性差异。检验 $\overline{d}$ 与 0 之间是否有显著性差异，在统计检验上就是检验原假设 H_0：$\mu=\mu_0$；备择假设 H_1：$\mu\neq\mu_0$。为此计算：

$$\bar{d}=\frac{\sum d}{n}=\frac{+0.18}{9}=0.02$$

$$S_d=\sqrt{\frac{\sum(d-\bar{d})^2}{n-1}}=\sqrt{\frac{0.0108}{9-1}}=0.037$$

$$t=\frac{\bar{d}-d_0}{S_d/\sqrt{n}}=\frac{0.02-0}{0.037/\sqrt{9}}=1.62$$

若选取 $\alpha=0.05$，总测定次数为 9，自由度为 $f=9-1=8$，查 $t_{(0.05,8)}=2.31$。本例为双侧检验，否定域为 $|t|>t_{(0.05,8)}$ 的区域。因为 $t<t_{(0.05,8)}$，说明 H_0：$\mu=\mu_0$ 成立，两实验室测定值之间不存在显著性差异。

值得注意的是，当总测定次数 $N=n_1+n_2$ 相同时，用分组试验法处理数据，自由度 $f=N-2$；而用配对试验法处理数据，自由度只有 $f=\frac{N}{2}-1$，自由度减少了 $\frac{N}{2}-1$。而自由度 f 越大，统计检验灵敏度越高，因此，当所研究的因素影响较大，而其他因素干扰效应相对说来较小时，或者可以严格控制时，以采用分组试验法为宜。

(4) 检验测定结果的真实性

当被测组分浓度很低时，测定信号比较弱，由于随机因素产生噪声以及空白值的影响相对来说比较严重，在这种情况下，测定结果的真实性常受到干扰和歪曲。因此，对测定结果的可靠性做出正确的评价是十分重要的。t 检验可以帮助做出正确评价。

【例 4.12】用原子发射光谱法检验高纯材料中的微量硼，6 次测定的谱线黑度分别为 13、7、8、11、13、8，平均值为 10。为了进行对照，同时测定了碳电极中硼空白值，5 次测定的黑度值分别为 4、5、12、8、6，平均值为 7。试根据以上测定数据，确定碳电极与某高纯材料中是否含硼？

解：碳电极中如果不含硼，其真实硼含量应为 0。由于随机因素的影响，测定纯碳电极中硼谱线黑度并不一定等于 0，但多次测定的平均值与 0 不应该有显著性差异。因此，确定纯碳电极中是否含有硼，在统计检验上就是检验原假设 H_0：$\mu=0$，备择假设 H_1：$\mu\neq 0$。如果选取显著性水平 $\alpha=0.05$，则否定域为 $|t|>t_{(0.05,4)}$ 的区域。为了检验原假设，计算测定纯碳电极中硼谱线黑度的测定平均值 $\bar{X}_1$ 和标准差 S_1 以及统计量 t 值：

$$\bar{X}_1=\frac{1}{5}(4+5+12+8+6)=7.0$$

$$S_1=\sqrt{\frac{\sum(X_{1i}-\bar{X}_1)^2}{n_1-1}}=3.2$$

$$t=\frac{\bar{X}_1-\mu}{S_1/\sqrt{n_1}}=\frac{7.0-0}{3.2/\sqrt{5}}=4.89$$

查 t 分布表，在自由度 $f=4$ 时，$t_{(0.05,4)}=2.78$。

$|t| > t_{(0.05,4)}$，拒绝原假设，接受备择假设 H_1：$\mu \neq 0$，说明碳电极中确实含有微量硼。

为了确定某高纯材料中是否含有硼，就要确定纯碳电极中硼谱线黑度平均值 $\overline{X}_1$ 与碳电极内加入某高纯材料之后的硼谱线黑度平均值 $\overline{X}_2$ 之间是否有显著性差异。在统计检验上就是要检验原假设 H_0：$\mu_1 = \mu_2$，备择假设 H_1：$\mu_2 > \mu_1$。这是单侧检验，如果选取显著性水平 $\alpha = 0.05$，则否定域为 $t > t_{(0.10,f)}$ 的区域。

由样本值计算碳电极加上某高纯材料后硼谱线黑度的测定均值和标准差。

$$\overline{X}_2 = 10，S_2 = \sqrt{\frac{\sum (X_{2i} - \overline{X}_2)^2}{n_2 - 1}} = 2.7$$

令 S_1^2 与 S_2^2 已通过方差检验，计算合并标准差以及统计量：

$$\overline{S} = \sqrt{\frac{(n_1 - 1)S_1^2 + (n_2 - 1)S_2^2}{n_1 + n_2 - 2}} = 2.9,$$

$$t = \frac{\overline{X}_2 - \overline{X}_1}{\overline{S}} \sqrt{\frac{n_1 n_2}{n_1 + n_2}} = \frac{10 - 7.0}{2.90} \times \sqrt{\frac{5 \times 6}{5 + 6}} = 1.71$$

查 t 分布表，在自由度 $f = 5 + 6 - 2 = 9$ 时，$t_{(0.10,9)} = 1.83$，$t < t_{(0.10,9)}$，说明样本值同原假设 H_0 没有显著差异，应接受原假设 H_0：$\mu_1 = \mu_2$。因此，根据现有资料还不能做出高纯材料中含有微量硼的结论。

(5) 确定样本容量

在分析测试中，合理确定样本容量非常重要，样本容量过小，不能满足测定精密度的要求；样本容量过大，造成不必要的浪费。

因为

$$\mu = \overline{X} \pm S_{\overline{X}} t_{(\alpha,f)}$$

其中 $S_{\overline{X}} t_{(\alpha,f)}$ 为误差限，又称为估计精度。若令估计精度为 Δ，则：

$$\Delta = S_{\overline{X}} t_{(\alpha,f)} = \frac{S}{\sqrt{n}} t_{(\alpha,f)} \tag{4.5}$$

$$n = \frac{S^2}{\Delta^2} t_{(\alpha,f)}^2 \tag{4.6}$$

在一定测定条件下，测定的标准差是一定的，给定了显著性水平 α，就可以由 t 分布表查得临界值 $t_{(\alpha,f)}$。有了 S 和 $t_{(\alpha,f)}$，对于不同 Δ，就可以确定样本容量 n。但是，要确定 $t_{(\alpha,f)}$ 就要知道 n；反之，要确定 n，就要知道 $t_{(\alpha,f)}$。为了解决这个矛盾，可以采用“试差法”来确定样本容量 n。

由 t 分布表就可以知道，当 $n > 30$ 时，其临界值 $t_{(0.05)} \approx 2$，因此可先采用近似公式：

$$n = \frac{4S^2}{\Delta^2} \tag{4.7}$$

计算 n，当计算出 n 大于 30 时，就以这个 n 值作为样本的容量；当计算的 $n < 30$ 时，则按照所计算的 n 值，查出临界值 $t_{(\alpha,f)}$，代入式(4.6) 再计算 n；依此循环，直到式(4.6) 中两边的 n 值相同或相差很小为止。计算出的 n 值通常不要小于 5。

【例 4.13】要使在置信度为 95% 时，平均值的置信区间不超过 $\pm S$，问至少应平行测定几次？

解：由题意得估计精度 $\Delta = S$，按式(4.7) 计算：

$$n = \frac{4S^2}{\Delta^2} = \frac{4S^2}{S^2} = 4$$

因 n 值小于 5，则取 $n = 5$ 起，采用“试差法”确定 n。查 t 表分布，$t_{(0.05,4)} = 2.78$，代入式(4.6) 计算 $n = \frac{S^2}{\Delta^2} t^2_{(0.05,4)} = \frac{S^2}{S^2} \times 2.78^2 = 7.7$

取 $n = 7$ 时，查 $t_{(0.05,6)} = 2.45$，计算 $n = 2.45^2 = 6.0$

取 $n = 6$ 时，查 $t_{(0.05,5)} = 2.57$，再计算 $n = 2.57^2 = 6.6$

这时，计算出的 n 值与设定的 n 值相差不大，不必再进行试差法计算。计算结果表明：要使置信度为 95% 时，平均值的置信区间不超过 $\pm S$，至少应平行测定 6 次。

t 检验适用于小样本检验，除上面介绍的 t 检验的应用外，它还可以用于离群值的检验、不相关性检验以及用来检查系统误差的存在与否，检查两条回归线的一致性等等，这些内容将在后面有关的章节内加以介绍。

4.5 方差检验

当对一个试样进行多次重复测定时，由于测定受到各种因素影响，各次测定值并不相同，它们之间的差异称为变差，变差的大小通常用样本方差或样本标准差来量度。方差（或标准差）是衡量试验条件稳定性的一个重要标志，方差的大小反映了测定结果的精密度。

方差检验，对指导生产和科学实践有着重要意义。为了评价分析方法和测定结果的优劣，首先就要比较各种分析方法与测定结果的测定精密度，然后再检验分析方法与测定结果的准确度。研究各种试验条件对测定结果的影响，也需要考查测定精密度随试验条件的变化。通过比较不同试验条件下的测定精密度和其他指标，确定最佳的试验条件。对于一个工厂来说，在生产正常的情况下，方差有一个相对稳定的数值，如果某天发现方差有较大变化，超过了所允许的限度，这说明当天生产中出现了异常情况，提醒人们注意，迅速查明原因，采取改进措施。诸如此类问题，通过方差检验，就可以得到解决。

4.5.1 一个总体的方差检验 —— χ^2

若 X 是服从正态分布 $N(\mu, \sigma^2)$ 的随机变量，X_1，X_2，…，X_n 是由总体中随机抽取的容量为 n 的一组样本值，样本方差为 S^2，则 $\frac{(n-1)S^2}{\sigma^2}$ 为 χ^2 分布的变量：

$$\frac{(n-1)S^2}{\sigma^2} = \sum_{i=1}^{n} \left(\frac{X_i - \overline{X}}{\sigma} \right)^2 \sim \chi^2_{(n-1)}$$

当 H_0：$\sigma^2=\sigma_0^2$ 成立时，统计量：

$$\frac{(n-1)S^2}{\sigma_0^2}=\chi^2_{(n-1)} \tag{4.8}$$

为遵从自由度$(n-1)$的 χ^2 分布，且不带有未知参数，因此，可以作为 H_0 的检验统计量，用它来进行显著性检验的方法，称为 χ^2 检验法。

χ^2 分布的概率密度由 χ^2 概率密度函数给出：

$$\varphi(\chi^2)=\frac{1}{2^{\frac{f}{2}}\Gamma(\frac{f}{2})}(\chi^2)^{\frac{f-2}{2}}\mathrm{e}^{-\frac{\chi^2}{2}}$$

$$(0\leqslant\chi^2<\infty) \tag{4.9}$$

式中，自由度 $f=n-1$。χ^2 分布概率密度函数曲线如图 4.2 所示，曲线是不对称的。附录附表 3 中给出了不同自由度 f 和概率 $P(\chi^2>\chi^2_\alpha)=\alpha$ 下的临界值 $\chi^2_{(\alpha,f)}$。例如，表中 $\chi^2_{(0.010,5)}=9.24$，其意义是在 $f=5$ 时，概率 $P(\chi^2>9.24)=0.10$。

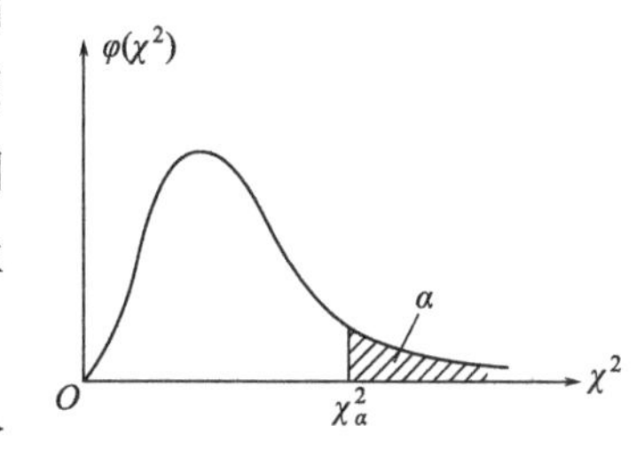

图 4.2　χ^2 分布概率示意图

对于给定的显著性水平 α，进行双侧检验时，在 χ^2 分布临界值表中自由度 $f=n-1$ 对应的两侧临界值 $\chi^2_{(\alpha/2,f)}$ 和 $\chi^2_{(1-\alpha/2,f)}$ 使得：

$$P\{\chi^2\geqslant\chi^2_{(\alpha/2,f)}\}=\frac{\alpha}{2}$$

$$P\{\chi^2\geqslant\chi^2_{(1-\alpha/2,f)}\}=1-\frac{\alpha}{2}$$

即

$$P\{\chi^2_{(1-\alpha/2,f)}\leqslant\chi^2\leqslant\chi^2_{(\alpha/2,f)}\}=1-\alpha \tag{4.10}$$

例如，给定显著性水平 $\alpha=0.10$ 对于 $f=5$，$P\{\chi^2\geqslant1.145\}=0.95$，$P\{\chi^2\geqslant11.07\}=0.05$。$P\{1.145\leqslant\chi^2\leqslant11.07\}=0.95-0.05=0.90$。由样本值计算的统计量 χ^2 值落到大于 $\chi^2_{(\alpha/2,f)}$ 或小于 $\chi^2_{(1-\alpha/2,f)}$ 区域的概率 α 是很小的，发生在此区域内的事件是小概率事件。如果由样本值计算的 χ^2 落入大于 $\chi^2_{(\alpha/2,f)}$ 的区域或小于 $\chi^2_{(1-\alpha/2,f)}$ 的区域，就应拒绝原假设 H_0：$\sigma^2=\sigma_0^2$。χ^2 大于 $\chi^2_{(\alpha/2,f)}$ 或小于 $\chi^2_{(1-\alpha/2,f)}$ 的区域，为 χ^2 检验的否定域。对于工厂生产质量的控制，在正常条件下，已知某个指标遵从正态分布 $N(\mu,\sigma^2)$。若某日作了几次化验，发现该指标波动较大，就应作 χ^2 检验，看这一天生产是否正常。

下面举例说明如何进行 χ^2 检验。

【例 4.14】某钢铁厂生产的铁水中含碳量，在正常生产的情况下，服从正态分布 $N(4.55, 0.10^2)$。某一生产日抽测了 10 炉铁水，测得的含碳量分别为 4.53、4.66、4.55、4.50、4.48、4.62、4.42、4.57、4.54、4.58。试问这一天生产的铁水中含碳量的总体方差是否正常？

解：① H_0：$\sigma^2=0.10$；H_1：$\sigma^2\neq0.10^2$

② 选取$\alpha=0.10$，由附录附表3的χ^2分布查出否定域的临界值，$\chi^2_{(0.95,9)}=3.325$，$\chi^2_{(0.05,9)}=16.92$，其否定域为$\chi^2\geqslant 16.92$或$\chi^2\leqslant 3.325$。

③ 由样本值计算样本平均值、方差和统计量：

$$\overline{X}=4.545$$

$$S^2=4.76\times 10^{-3}$$

$$\chi^2=\frac{(n-1)S^2}{\sigma_0^2}=\frac{(10-1)\times 4.76\times 10^{-3}}{0.10^2}=4.28$$

求得的χ^2值在3.325和16.292之间，没有落入否定域，所以接受原假设H_0：$\sigma^2=0.10^2$，说明在显著水平$\alpha=0.10$时，这一天生产的铁水中含碳量的总体方差是正常的。

4.5.2 两个总体的方差检验——F检验

当总体方差未知时，可用F检验比较两个样本的方差。

若X_1，X_2，…，X_{n_1}为总体$N(\mu_1,\sigma_1^2)$的一个随机样本；Y_1，Y_2，…，Y_{n_2}为总体$N(\mu_2,\sigma_2^2)$的一个随机样本，且两样本相互独立，两样本的均值与方差分别为：

$$\overline{X}=\frac{1}{n_1}\sum_{i=1}^{n_1}X_i,\ S_1^2=\frac{1}{n_1-1}\sum_{i=1}^{n_1}(X_i-\overline{X})^2$$

$$\overline{Y}=\frac{1}{n_2}\sum_{i=1}^{n_2}Y_i,\ S_2^2=\frac{1}{n_2-1}\sum_{i=1}^{n_2}(Y_i-Y)^2$$

因为$\frac{(n_1-1)S_1^2}{\sigma_1^2}$和$\frac{(n_2-1)S_2^2}{\sigma_2^2}$分别遵从自由度$(n_1-1)$与$(n_2-1)$的$\chi^2$分布：

$$\frac{(n_1-1)S_1^2}{\sigma_1^2}\sim\chi^2_{(n_1-1)}$$

$$\frac{(n_2-1)S_1^2}{\sigma_2^2}\sim\chi^2_{(n_2-1)}$$

则

$$\left(\frac{S_1^2}{\sigma_1^2}\right)\bigg/\left(\frac{S_2^2}{\sigma_2^2}\right)\sim F_{(n_1-1,n_2-1)} \tag{4.11}$$

若H_0：$\sigma_1^2=\sigma_2^2$成立，则：

$$S_1^2/S_2^2\sim F_{(n_1-1,n_2-1)} \tag{4.12}$$

即S_1^2/S_2^2遵从第一自由度(n_1-1)与第二自由度为(n_2-1)的F分布，且不带未知参数。因此：

$$F=\frac{S_1^2}{S_2^2}(S_1^2>S_2^2) \tag{4.13}$$

可以作为原假设H_0的检验统计量。用式(4.13)作为检验统计量进行显著性检验的方法，称为F检验。

F分布的概率密度函数式为：

$$\varphi(F)=\frac{\Gamma\left(\frac{f_1+f_2}{2}\right)}{\Gamma\left(\frac{f_1}{2}\right)\Gamma\left(\frac{f_2}{2}\right)}f_1^{\frac{f_1}{2}}f_2^{\frac{f_2}{2}}\frac{F^{\frac{f_1-2}{2}}}{(f_2+f_1F)^{\frac{f_1+f_2}{2}}}$$

该函数只取决于 F 值与计算值的方差 S_1^2 与 S_2^2 的自由度 $f_1=n_1-1$ 和 $f_2=n_2-1$。图 4.3 表示 F 分布是不对称的。

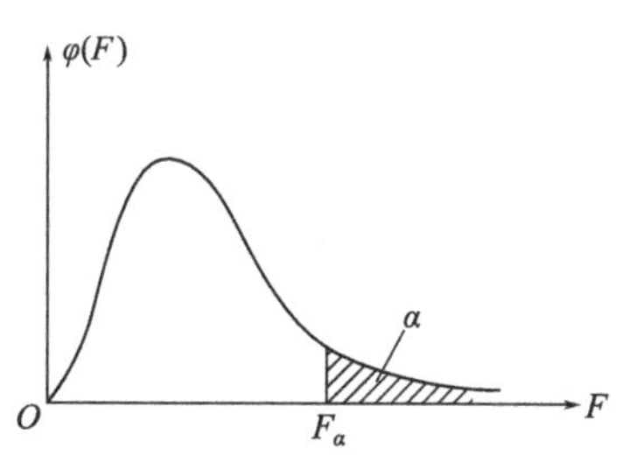

图 4.3　F 分布概率示意图

为了应用方便，制成了 F 分布表(见附表 4)。表中给出了不同显著性水平 α 和不同自由度 f_1，f_2 组合时单侧显著性检验的临界值 $F_{(\alpha,f_1,f_2)}$，附表 4 上端横行中 f_1 是计算较大方差的自由度，左边直列内的 f_2 是计算较小方差的自由度。α 是指的 $F=F_\alpha$ 至 $F\rightarrow\infty$ 的概率，这个概率是很小的。根据小概率事件原理，将 $F=F_\alpha$ 至 $F\rightarrow\infty$ 的区域称为 F 检验的否定域。

F 检验的依据是，如果两个总体的方差相等，$F=S_1^2/S_2^2$ 理应为 1。因为样本方差 S_1^2、S_2^2 只是从有限次测量中得到的，即使 S_1^2 和 S_2^2 是同一总体方差的估计值，它们也未必相等。因此，求出的 F 值自然也就不等于 1，而总是大于 1。因此，既不能凡是 $F>1$ 就简单否定统计假设 $\sigma_1^2=\sigma_2^2$，也不能不管 F 值比 1 大多少都一律肯定统计假设的正确性。它应该有一个合理的允许范围，这个允许范围就是在一定置信度下，F 分布的临界值 $F_{(\alpha,f_1,f_2)}$。如果统计量 $F>F_{(\alpha,f_1,f_2)}$，则两组测量值的方差就存在显著性差异，应运用专业知识寻找产生这个差异的原因。如果 $F<F_{(\alpha,f_1,f_2)}$，则表明两组测量的方差不存在显著性差异。

在编制 F 分布表时，是将大方差作分子、小方差作分母，所以，在由样本值计算统计量 F 值时，也要将样本方差 S_1^2 和 S_2^2 中数值较大的一个作分子、较小的一个作分母。

【例 4.15】两人用同一方法分析同一试样中含氧量，结果如下，A：95.6、94.9、95.1、95.8、96.3、96.2；B：93.3、92.1、94.1、92.1、95.6、94.0。试问 A、B 两人分析含氧量的总体方差有无显著性差异？

解： ① 分别计算 A、B 两人的平均值和方差

$$\overline{X}_A=95.65，S_A^2=0.32，n_A=6$$

$$\overline{X}_B=93.53，S_B^2=1.8，n_B=6$$

② H_0：$\sigma_1^2=\sigma_2^2$；H_1：$\sigma_1^2\neq\sigma_2^2$

③ 选取 $\alpha=0.10$ 时，否定域为：

$$F>F_{(0.10,5,5)}=3.45$$

④ 计算统计量：

$$F=\frac{S_B^2}{S_A^2}=\frac{1.8}{0.32}=5.62$$

由于 $F > F_{(0.05,5,5)}$，所以两者分析结果的方差有显著性差异。

在 F 检验中，不必考虑两结果是否存在系统误差，即使存在系统误差也无关系。因为 F 检验只涉及多次测定值的一致性，而并不涉及测定结果的准确度。

【例 4.16】两人用同一方法对同一试样的分析结果如下：

甲：0.782，0.775，0.774，0.763

乙：0.750，0.749，0.763，0.754，0.754

试问两人结果之间是否存在显著性差异($\alpha = 0.05$)？

解：本例是问两结果之间是否存在差异性。这里包括两个问题：一个是两结果的方差是否有显著性差异，要进行方差一致性检验；另一个问题是要回答两个均值之间是否有显著性差异，这就要进行 t 检验。

① 计算甲乙两人各自均值与方差

甲：$\overline{X}_1 = 0.7735$，$S_1^2 = 6.2 \times 10^{-5}$，$n_1 = 4$

乙：$\overline{X}_2 = 0.754$，$S_2^2 = 3.0 \times 10^{-5}$，$n_2 = 5$

② 方差检验　H_0：$\sigma_1^2 = \sigma_2^2$；H_1：$\sigma_1^2 \neq \sigma_2^2$

$F = \dfrac{6.2 \times 10^{-5}}{3.0 \times 10^{-5}} = 2.07$，否定域为 $> F_{(0.05,3,4)} = 6.59$。因为 $F < F_{(0.05,3.4)}$，所以方差一致。

③ 均值检验　H_0：$\mu_1 = \mu_2$；H_1：$\mu_1 \neq \mu_2$。求合并标准差：

$$\overline{S} = \sqrt{\frac{(4-1) \times 6.2 \times 10^{-5} + (5-1) \times 3.0 \times 10^{-5}}{4+5-2}} = 6.6 \times 10^{-3}$$

计算统计量 $t = \dfrac{\| 0.754 - 0.7735 \|}{6.6 \times 10^{-3}} \times \sqrt{\dfrac{20}{9}} = 4.40$，否定域为 $> t_{(0.05,7)} = 2.37$。

因为统计量 $t > t_{(0.05,7)}$，落入否定域，所以拒绝 H_0：$\mu_1 = \mu_2$，即甲乙两人的结果之间存在显著性差异。

4.5.3 多个总体的方差检验

设有 m 个总体($m \geqslant 3$)，分别遵从正态分布 $N(\mu_1, \sigma_1^2)$，$N(\mu_2, \sigma_2^2)$，…，$N(\mu_m, \sigma_m^2)$，由 m 个总体分别独立地抽取容量为 n_1，n_2，…，n_m 的样本，各样本的方差分别为 S_1^2，S_2^2，…，S_m^2。现在要检验原假设 H_0：$\sigma_1^2 = \sigma_2^2 = \cdots = \sigma_m^2$。

(1) 巴特莱(Bartlett) 检验法

巴特莱检验统计量：

$$B = \frac{2.303}{C}(f \lg \overline{S}^2 - \sum_{i=1}^{m} f_i \lg S_i^2) \tag{4.14}$$

$$C = 1 + \frac{1}{3(m-1)}(\sum_{i=1}^{m} \frac{1}{f_i} - \frac{1}{f}) \tag{4.15}$$

$$\overline{S}^2 = \frac{1}{f} \sum_{i=1}^{m} f_i S_i^2 \tag{4.16}$$

$$f=\sum_{i=1}^{m}f_i \tag{4.17}$$

$$f_i=n_i-1 \tag{4.18}$$

当 $f_i>2$，B 类似于具有自由度为 $m-1$ 的 χ^2 分布。若原假设 H_0 为真，在给定显著性水平 α 下，则有：

$$P(B>\chi^2_{(\alpha,m-1)})=\alpha \tag{4.19}$$

α 是一很小概率，由样本值求得的统计量 B 落到大于 $\chi^2_{(\alpha,m-1)}$ 区域的概率小于 α，是一个小概率事件。如果由样本值求得的统计量值 B 真的落入大于 $\chi^2_{(\alpha,m-1)}$ 区域，就应拒绝原假设 H_0。区域 $\chi^2_{(\alpha,m-1)}$，$+\infty$ 称为拒绝域。上述检验法为巴特莱检验法。它是单侧检验。

当 $f_1=f_2=\cdots=f_m=f_0$ 时，式(4.14) 化简为：

$$B=\frac{2.303}{C}mf_0(\lg\overline{S}^2-\frac{1}{m}\sum_{i=1}^{m}\lg S_i^2) \tag{4.20}$$

式中
$$C=1+\frac{m+1}{3mf_0}$$

(2) 柯奇拉（Cochrane）检验法和哈特利（Hartley）检验法

当各样本测定次数相同时，可用柯奇拉检验法或哈特利检验法代替巴特莱检验法，使检验更为简便。

柯奇拉检验统计量为：

$$G_{\max}=\frac{S^2_{\max}}{S_1^2+S_2^2+\cdots+S_m^2} \tag{4.21}$$

式中，$S^2_{\max}$ 为被检验的 m 个方差中最大的方差。自由度 $f=n-1$，n 是得到的各方差的试验次数。当由样本值求得的 $G_{\max}$ 大于柯奇拉检验临界值表中约定显著性水平 α 和相应自由度 f 下的临界值 $G_{(\alpha,f)}$ 时(见附表 5)，则不能认为各方差是一致的。

哈特利检验统计量为：

$$F_{\max}=\frac{S^2_{\max}}{S^2_{\min}} \tag{4.22}$$

在给定显著性水平 α 下，$F_{\max}$ 比哈特利检验临界值表(附表 6) 中相应自由度下的临界值 $F_{(\alpha,m,f)}$ 大的概率为：

$$P(F_{\max}\geqslant F_{(\alpha,m,f)})=\alpha \tag{4.23}$$

α 是一个很小的概率，根据小概率事件原理，当 $F_{\max}\geqslant F_{(\alpha,m,f)}$ 时，则拒绝接受原假设 H_0；当 $F_{\max}<F_{(\alpha,m,f)}$ 时，则接受原假设 H_0。

4.6　离群值的检验

当对同一量进行多次重复测定时，经常发现一组测定值中某一两个测定值比其余测定值明显地偏大或偏小，我们将这种与一组测定值中其余测定值明显偏离的测定值称为离群值。离群值可能是测定值随机波动的极度表现，即极值，它虽然明显地偏离其余测定值，但仍处于统计上所允许的合理误差范围内，与其余测定值属于同一总体；离群值如果超出了统计上所允许的合理误差范围，那么它就与其余测定值不属于同一总体，称为异常值。

对于离群值，必须首先从技术上设法弄清出现的原因，如果查明确实是由于实验技术上的失误引起的，不管这样的测定值是否为异常值，都应舍弃，而不必统计检验。但是，有时未必能从技术上找出它出现的原因，在这种情况下既不能轻易保留，亦不能随意舍弃，应对它进行统计检验，从统计上判明离群值是否为异常值。

检验离群值的基本想法是，根据被检验一组测定值是由同一正态总体随机取样得到的假设，给定一个合理的误差界限(2σ 或 3σ)，相应于误差界限的以某一特定小概率出现的测定值，在统计上就视为是随机因素效应的临界值，凡其偏差超过误差界限的离群值，就认为它不属于随机误差范畴，而是来自不同的总体，于是就可以将其作为异常值舍弃。

4.6.1 组内离群值的检验方法

(1) $4d$ 法

根据总体平均偏差与标准偏差的关系式，$\delta=0.8\sigma$ 推出 $3\sigma=4\delta$。误差的正态分布规律告诉我们，个别测定值的标准差超过 3σ 的概率小于 0.3%，就是说，这一测定值可以舍去，即平均偏差超过 4δ 的个别测定值可以舍去。

对于有限次测定，只能用 S 代替 σ，用 d 代替 δ，故粗略地认为可疑值与平均值之差大于 $4d$ 的个别测定值为异常值，可以舍去。

$4d$ 法的检验步骤如下：

① 将可疑值除外，求其余数据的平均值($\overline{X}_{n-1}$) 和平均偏差($\overline{d}_{n-1}$)。

② 求可疑值(X) 与平均值($\overline{X}_{n-1}$) 之差的绝对值。

③ 判断，如 $\| X-\overline{X}_{n-1} \| > 4\overline{d}_{n-1}$，则舍去可疑值($X$)，否则保留。

【例 4.17】标定 HCl 的浓度，结果如下：0.1011，0.1010，0.1012，0.1016。问 0.1016 这个数据能否保留？

解： 删去 0.1016 求 $\overline{X}$ 和 $\overline{d}$

$$\overline{X}=\frac{1}{3}\times(0.1011+0.1010+0.1012)=0.1011$$

$$\overline{d}=\frac{1}{3}\times(0.0001+0.0001)=0.00007$$

判断，$0.1016-0.1011=0.0005>4d(0.00028)$

所以 0.1016 舍去。

采取 $4d$ 法检验离群值，运算简单，易为人们所接受，但这个处理方法在数理上是不严格的，而且又没有联系到测定次数。实践证明，这个方法的应用是有局限性的，只有当测定次数为 4 ～ 8 次时较为适用。

（2）Q 检验法

Dean 和 Dixon 提出一个简单的处理离群值的方法，具体步骤如下：

① 将测定值按其大小顺序排列。X_1，X_2，…，X_n；其中 X_1 或 X_n 为离群值。

② 计算离群值与最邻近数据的差值，除以全组数据的极差（最大值与最小值之差），把所得的商称为 Q 值。

$$Q=\frac{X_2-X_1}{X_n-X_1} \text{ 或 } Q=\frac{X_n-X_{n-1}}{X_n-X_1} \tag{4.24}$$

③ 判断：如计算的 Q 值等于或大于表 4.4 的 Q 值，则舍去此数据。

表 4.4　Q 值表（置信度 90%和 95%）

测定次数 n	3	4	5	6	7	8	9	10
$Q_{0.90}$	0.94	0.76	0.64	0.56	0.51	0.47	0.44	0.41
$Q_{0.95}$	1.53	1.05	0.86	0.76	0.69	0.64	0.60	0.58

【例 4.18】测定工业碱中总碱量（Na_2O%），得到以下分析结果：40.02，40.12，40.16，40.18，40.18，40.20。试判断 40.02 应否舍去（$P=90\%$）？

解：$Q=\frac{40.12-40.02}{40.20-40.02}=0.56$，查 Q 值表，$n=6$ 时，$Q_{0.90}=0.56$，故应舍去 40.02 这个数据。

Q 检验法符合数理统计原理，特别是具有直观性和计算方法简便的优点。

（3）Dixon 检验法

Dixon 将前述的 Q 检验法进一步完善。根据数据总数的不同，离群值个数不同及其位置在高侧还是低侧，Dixon 检验法采用不同的统计量（详见表 4.5）。当求得的统计量大于表 4.5 中相应显著性水平 α 和测定次数 n 时的临界值 $r_{(\alpha,n)}$ 时，则可将被检验的离群值作为异常值舍去。

表 4.5　Dixon 检验的统计量和临界值表

测定次数 n	显著性水平 α			统计量	
	0.10	0.05	0.01	检验低侧 X_1	检验高侧 X_n
3	0.886	0.941	0.988	$r_{10}=\frac{X_2-X_1}{X_n-X_1}$	$r_{10}=\frac{X_n-X_{n-1}}{X_n-X_1}$
4	0.679	0.765	0.889		
5	0.557	0.642	0.780		
6	0.482	0.560	0.698		
7	0.434	0.507	0.637		
8	0.479	0.554	0.683	$r_{11}=\frac{X_2-X_1}{X_{n-1}-X_1}$	$r_{11}=\frac{X_n-X_{n-1}}{X_n-X_2}$
9	0.441	0.512	0.635		
10	0.409	0.477	0.597		

续表

测定次数 n	显著性水平 α			统计量	
	0.10	0.05	0.01	检验低侧 X_1	检验高侧 X_n
11	0.517	0.576	0.679	$r_{21}=\frac{X_3-X_1}{X_{n-1}-X_1}$	$r_{21}=\frac{X_n-X_{n-2}}{X_n-X_2}$
12	0.490	0.546	0.642		
13	0.467	0.521	0.615		
14	0.495	0.546	0.641	$r_{22}=\frac{X_3-X_1}{X_{n-2}-X_1}$	$r_{22}=\frac{X_n-X_{n-2}}{X_n-X_3}$
15	0.472	0.525	0.616		
16	0.454	0.507	0.595		
17	0.428	0.490	0.577		
18	0.424	0.475	0.561		
19	0.412	0.462	0.547		
20	0.401	0.450	0.535		
21	0.391	0.440	0.524		
22	0.382	0.430	0.514		
23	0.374	0.421	0.505		
24	0.367	0.413	0.497		
25	0.360	0.406	0.489		

【例4.19】分析钢中含碳量，7次测定结果（%）如下：0.220，0.223，0.236，0.284，0.303，0.310，0.478。问0.478是否为异常值。

解：$n=7$

$$r_{10}=\frac{X_7-X_6}{X_7-X_1}=\frac{0.478-0.310}{0.478-0.220}=0.651$$

查表4.5，当$n=7$时，$\alpha=0.05$时，Dixon检验临界值$r_{(0.05,7)}=0.507$，所以，0.478判为异常值，应舍掉。

Dixon检验法的优点是方法简便，概率意义明确。但当测定次数少时，例如3～5次测定，本检验舍掉的只是偏差很大的测定值，把本来为异常值误判为非异常值的可能性较大，也就是容易犯“存伪”错误。Dixon检验法也可用于检验实验室间的离群值。

（4）t检验法

t检验法检验离群值，使用统计量：

$$K=\frac{|X-\overline{X}|}{S} \tag{4.25}$$

式中，$\overline{X}$和S由不包括离群值（X）在内的（$n-1$）个测定值计算，当由式（4.25）计算的统计量K值大于表4.6中一定显著性水平α和测定次数n时的临界值$K_{(\alpha,n)}$时，则将离群值（X）判为异常值舍去。

表 4.6　t 检验临界值 $K_{(\alpha,n)}$ 表

n	α		n	α	
	0.01	0.05		0.01	0.05
4	11.46	4.97	18	3.01	2.18
5	6.53	3.56	19	2.98	2.17
6	5.04	3.04	20	2.95	2.16
7	4.36	2.78	21	2.93	2.15
8	3.96	2.62	22	2.91	2.14
9	3.71	2.51	23	2.90	2.13
10	3.54	2.43	24	2.88	2.12
11	3.41	2.37	25	2.86	2.11
12	3.31	2.33	26	2.85	2.10
13	3.23	2.29	27	2.84	2.10
14	3.17	2.26	28	2.83	2.09
15	3.12	2.24	29	2.82	2.09
16	3.08	2.22	30	2.81	2.08
17	3.04	2.20			

用 t 检验法检验时，预先“剔除”了被检验的离群值，保证了计算标准差 S 的正确性和独立性，在理论上较严格，提高了检验的灵敏度。但是，检验之前预先剔除的离群值也可能不是异常值，而只是极值。由于剔除它，使计算的标准差 S 偏小，原来位于限界的一些极值这时也有可能被作为异常值舍弃。

（5）Grubbs 检验法

用 Grubbs 检验法检验离群值，使用统计量：

$$G=\frac{|X-\overline{X}|}{S} \tag{4.26}$$

式中，$\overline{X}$ 和 S 是包括全部测定值计算的统计量。由式(4.26) 计算的统计量 G 大于表 4.7 中相应显著性水平 α 和测定次数 n 时的临界 $G_{(\alpha,n)}$ 时，则将离群值 X 判为异常值舍去。

【例 4.20】用比色法测定钢中磷的百分含量，10 次测定结果如下：0.064，0.066，0.066，0.067，0.068，0.069，0.070，0.070，0.074，0.082。问 0.082 是否是异常值？

解： ① 计算 $n=10$ 时，测定值的平均值 $\overline{X}$ 和标准差 S

$$\overline{X}=0.0696，S=5.2\times10^{-3}$$

② 计算统计量

$$G=\frac{0.082-0.0696}{5.2\times10^{-3}}=2.38$$

③ 查表 4.7，Grubbs 检验临界值 $G_{(0.05,10)}=2.18$。

因为 $G>G_{(0.05,10)}$，所以 0.082 为异常值舍去。

表 4.7 Grubbs 检验临界值 $G_{(\alpha,n)}$ 表

n	α		n	α	
	0.05	0.01		0.05	0.01
3	1.13	1.15	16	2.44	2.75
4	1.46	1.49	17	2.47	2.79
5	1.67	1.75	18	2.50	2.82
6	1.82	1.94	19	2.53	2.85
7	1.94	2.10	20	2.56	2.88
8	2.03	2.22	21	2.58	2.91
9	2.11	2.32	22	2.60	2.94
10	2.18	2.41	23	2.62	2.96
11	2.23	2.48	24	2.64	2.99
12	2.29	2.55	25	2.66	3.01
13	2.33	2.61	30	2.74	3.10
14	2.37	2.66	35	2.81	3.18
15	2.41	2.71	40	2.87	3.24

Grubbs 检验法亦可用于一组测定值($X_1 \leqslant X_2 \leqslant \cdots \leqslant X_{n-1} \leqslant X_n$)中有两个离群值的情况，若两个离群值偏向同一侧，比如都偏向大的一侧或小的一侧，即待检验的离群值为 X_n，X_{n-1} 或 X_1，X_2。检验时，可先舍去两个离群值中偏差更大的一个 X_n 或 X_1，用($n-1$)个测定值计算平均值 $\overline{X}$ 和标准差 S，检验偏差较小的一个离群值 X_{n-1} 或 X_2，要是 X_{n-1} 或 X_2 为异常值，则 X_n 或 X_1 也必然是异常值；要是检验结果表明 X_{n-1} 或 X_2 不是异常值，这时由全部数据计算平均值 $\overline{X}$ 和标准差 S，再检验 X_n 或 X_1，判断它们是否是异常值。

当两个离群值在一组测定值的两侧，一个偏向大的一侧，一个偏向小的一侧，即待检验值为 X_1 或 X_n。检验时，先暂时舍去偏差绝对值较大的一个离群值 X_1(或 X_n)，用($n-1$) 个测定值求 $\overline{X}$ 和 S，去检验另一个离群值 X_n(或 X_1)。若检验表明不是异常值，接着再用 n 个测定值计算平均值 $\overline{X}$ 和标准差 S，去检验偏差绝对值较大的一个离群值，根据检验结果决定取舍。

【例 4.21】用氧化还原滴定法测赤铁矿中含铁量，得到下面一组数据：55.5，58.0，58.6，59.0，59.8，59.8，59.9，64.2。试问离群值 55.5 和 64.2 是否为异常值?

解： $n=8$ 时，$\overline{X}=59.35$，离群值 55.5 和 64.2 在平均值两侧，它们与平均值偏差的绝对值分别为 3.85 和 4.85. 先舍去 64.2，检验 55.5。这时：

① $n=7$，$\overline{X}=58.66$，$S=1.6$

② 计算统计量

$$G=\frac{58.66-55.5}{1.6}=1.98$$

③ 查表 4.7，$G_{(0.05,7)}=1.94$

因为 $G>G_{(0.05,7)}$，所以 55.5 和 64.2 都是异常值，应当舍去。

Grubbs 检验法是最合理而普遍适用的方法，徐中秀 1974 年在一篇题为《异常数据判断方法的比较》的论文中，对若干种混入另一总体数据的情况，各进行了一万次模拟试验，认为 Grubbs 检验法效果最好。当然，Grubbs 检验法在计算上稍麻烦，但目前小型计算器都具有计算标准差的功能键，所以，这种方法的应用仍然是很广泛的。

4.6.2 实验室间离群值的检验

若有 m 个实验室对同一试样进行测定，得到 m 个平均值 $\overline{X}_1\leqslant\overline{X}_2\leqslant\cdots\leqslant\overline{X}_m$。检验实验室间的离群值使用统计量：

$$T_i=\frac{\overline{X}-\overline{X}_1}{\overline{S}_{\overline{X}}}\quad(\text{检验 }\overline{X}_i)\tag{4.27}$$

$$T_m=\frac{\overline{X}_m-\overline{X}}{\overline{S}_{\overline{X}}}\quad(\text{检验 }\overline{X}_m)\tag{4.28}$$

式中，$\overline{S}_{\overline{X}}$ 为实验室间测定平均值的标准差。当各个平均值由相同测定次数 n 测得时，实验室间单次测定的标准差由下式计算：

$$\overline{S}=\sqrt{\frac{1}{m(n-1)}\sum_{i=1}^{m}\sum_{j=1}^{n}(X_{ij}-\overline{X}_i)^2}\tag{4.29}$$

实验室间平均值的标准差为：

$$\overline{S}_{\overline{X}}=\overline{S}/\sqrt{n}$$

当由式(4.27)和式(4.28)计算的 T 值大于表 4.8 中相应显著性水平 α 和测定次数下的临界值时，则表明被检验的离群值为异常值，应被剔除。

表 4.8 中 f 为计算 S 的总自由度，m 为被检验的测定值的数目。

除上述方法外，也可用 Dixon 检验法检验实验室间离群值。不同检验方法，对同一个离群值的检验，结论是不一致的，在实际工作中，要根据具体情况决定选用什么检验法则。

表 4.8　实验室间离群值检验临界表（$\alpha=0.05$）

f	被检验的测定值的数目 m								
	3	4	5	6	7	8	9	10	12
10	2.01	2.27	2.46	2.60	2.72	2.81	2.89	2.96	3.08
11	1.98	2.24	2.42	2.56	2.67	2.76	2.84	2.91	3.03

续表

f	被检验的测定值的数目 m								
	3	4	5	6	7	8	9	10	12
12	1.96	2.21	2.21	2.52	2.63	2.81	2.80	2.87	2.98
13	1.94	2.19	2.19	2.50	2.60	2.69	2.76	2.83	2.94
14	1.93	2.17	2.17	2.47	2.57	2.66	2.74	2.80	2.91
15	1.91	2.15	2.15	2.45	2.55	2.64	2.71	2.77	2.88
16	1.90	2.14	2.14	2.43	2.53	2.62	2.69	2.75	2.86
17	1.89	2.13	2.13	2.42	252	2.60	2.67	2.73	2.84
18	1.88	2.11	2.11	2.40	2.50	2.58	2.65	2.71	2.82
19	1.87	2.11	2.11	2.39	2.49	2.57	2.64	2.70	2.80
20	1.87	2.10	2.10	2.38	2.47	2.56	2.63	2.68	2.78
24	1.84	2.07	2.07	2.34	2.44	2.52	2.58	2.64	2.74
30	1.82	2.04	2.04	2.31	2.40	2.48	254	2.60	2.69
40	1.80	2.02	2.02	2.28	237	2.44	2.50	2.56	2.65
60	1.78	1.99	1.99	2.25	2.33	2.41	2.47	2.52	2.61
120	1.76	1.96	1.96	2.22	2.30	2.37	2.43	2.48	2.57
∞	1.74	1.94	1.94	2.18	2.27	2.33	2.39	2.44	2.52

第 5 章 方差分析

在分析化学的试验研究中，为了探讨某一项分析任务的可靠性和影响因素，需进行大量试验。例如，取几批试样分别送到几个单位用不同的方法进行测试，每个方法的测定又重复若干次，这样就得到大量数据。在各种因素错综复杂的作用下，怎样判断哪一个因素对测定结果影响最大？哪个因素影响不大？这就要利用方差分析来处理和判断。

方差分析就是根据变差平方和的加和性原理，在变差平方和分解的基础上，借助于 F 检验法，对影响总变差平方和的各因素的效应及其之间的交互效应进行分析并作出判断的方法。在进行方差分析时，把要考虑的指标称为试验指标，影响试验指标的条件称为因素，因素所处的状态称为水平。

根据所试验的影响因素的数目，方差分析分单因素的和多因素的方差分析。

5.1 变差平方和的加和性

当对一个试样进行多次重复测定时，所得到的各次测定值是参差不齐的，它们之间的差异称为变差。如果一个测定结果同时受到多种因素的影响，则每种因素都要对测定的总变差起一定作用。若用变差平方和来表征测定结果的变差大小，则总变差平方和等于各因素形成的变差平方和的总和。这就是变差平方和的加和性，它正是方差分析的基础。

设有 m 个独立的随机变量 X_1，X_2，…，X_m，分别遵从正态分布 $N(\mu_1,\sigma_1^2)$，$N(\mu_2,\sigma_2^2)$，…，$N(\mu_m,\sigma_m^2)$，现由各总体中随机抽取容量为 n_i 的样本，得到样本值 X_1，X_2，…，X_{n_i}，$i=1$，2，…，m。则 i 组样本均值 $\overline{X}_i$ 与总平均值 $\overline{X}$ 分别为：

$$\overline{X}_i=\frac{1}{n_i}\sum_{j=1}^{n_i}X_{ij} \tag{5.1}$$

$$\overline{X}=\frac{1}{N}\sum_{i=1}^{m}\sum_{j=1}^{n_i}X_{ij} \tag{5.2}$$

式中 $$N=\sum_{i=1}^{m}n_i \tag{5.3}$$

m 样本的总变差平方和等于所有各样本测定值 X_{ij} 与总平均值 $\overline{X}$ 的离差的平方和，记为 Q_T。

$$\begin{aligned}Q_T &= \sum_{i=1}^{m}\sum_{j=1}^{n_i}(X_{ij}-\overline{X})^2 \\ &= \sum_{i=1}^{m}\sum_{j=1}^{n_i}[(X_{ij}-\overline{X}_i)+(\overline{X}_i-\overline{X})]^2 \\ &= \sum_{i=1}^{m}\sum_{j=1}^{n_i}(X_{ij}-\overline{X}_i)^2+2\sum_{i=1}^{m}\sum_{j=1}^{n_i}(X_{ij}-\overline{X}_i)(\overline{X}_i-\overline{X})+\sum_{i=1}^{m}\sum_{j=1}^{n_i}(\overline{X}_i-\overline{X})^2 \\ &= \sum_{i=1}^{m}\sum_{j=1}^{n_i}(X_{ij}-\overline{X}_i)^2+\sum_{i=1}^{m}n_i(\overline{X}_i-\overline{X})^2 \end{aligned} \tag{5.4}$$

因为 $\sum_{i=1}^{m}\sum_{j=1}^{n_i}(X_{ij}-\overline{X}_i)(\overline{X}_i-\overline{X})=\sum_{i=1}^{m}[(\overline{X}_i-\overline{X})\sum_{j=1}^{n_i}(X_{ij}-\overline{X}_i)]=0$

若令 $$Q_G=\sum_{i=1}^{m}n_i(\overline{X}_i-\overline{X})^2 \tag{5.5}$$

$$Q_E=\sum_{i=1}^{m}\sum_{j=1}^{n_i}(X_{ij}-\overline{X}_i)^2 \tag{5.6}$$

则 $$Q_T=Q_G+Q_E \tag{5.7}$$

式(5.4)和式(5.7)就是变差平方和的加和公式。Q_G 反映了各样本值之间的变异程度，称为组间变差平方和；Q_E 反映同一样本内各测定值之间的变异程度，称为组内变差平方和。Q_G 表征了分组因素效应的大小，Q_E 表征试验误差的大小。由此可见，测定结果的总变差平方和，等于因素效应变差平方和与误差效应变差平方和的总和。对于两因素或多因素试验测定结果的变差平方和也同样遵从变差平方和的加和性原理。

由变差平方和的计算公式看到，在同样的波动程度下，测定次数越多，计算出的变差平方和就越大，因此，仅用变差平方和来反映测定数据波动的大小还是不够的，还需要考虑测定数据个数的多少对变差平方和带来的影响，为此需引进自由度的概念。将总变差平方和 Q_T、组间变差平方和 Q_G 和组内变差平方和 Q_E 分别除以各自相应的自由度 f_T、f_G 和 f_E，就可以得到总的方差估计值 S_T^2、组间方差估计值 S_G^2 和组内方差估计值 S_E^2，即：

$$S_T^2=Q_T/f_T \tag{5.8}$$

$$S_G^2=Q_G/f_G \tag{5.9}$$

$$S_E^2=Q_E/f_E \tag{5.10}$$

S_G^2 可以看作是因素对变差影响的平均效应，S_E^2 可以看作是试验误差对变差影响的平均效应。总自由度 $f_T=\sum_{i=1}^{m}n_i-1$，是总测定次数减 1。当 m 组的测定值数相同时，$n_1=n_2=\cdots=n_m=n$，则总自由度 $f_T=mn-1$；组间自由度 $f_G=m-1$，组内自由度

$f_E=\sum_{i=1}^{m}(n_i-1)$。当各组内的测定值数相同时，$f_T=mn-1$。三个自由度之间的关系为：

$$f_T=f_G+f_E \tag{5.11}$$

式（5.11）是变差平方和自由度分解公式。

【例 5.1】某化学研究所在一项有机合成研究工作中，采用三种不同催化剂 A、B、C 来研究催化剂对该有机合成产率的影响。每种催化剂分别进行了 4 次、5 次和 3 次试验，得到的产率数据如表 5.1 表示。试计算各项变差平方和。

表 5.1　产率数据

催化剂	产率/%	和	均值
A	72　67　64　69	272	68
B	64　69　63　71　73	340	68
C	75　79　74	228	76
总计		840	70

解：总变差平方和：

$$Q_T=\sum_{i=1}^{m}\sum_{j=1}^{n}(X_{ij}-\overline{X})^2=(72-70)^2+(67-70)^2+\cdots+(74-70)^2=268$$

催化剂效应(即组间) 平方和：

$$Q_G=\sum_{i=1}^{m}n_i(\overline{X}_i-\overline{X})^2=4\times(63-70)^2+5\times(63-70)^2+3\times(76-70)^2=144$$

误差效应(组内) 平方和：

$$\begin{aligned}Q_E&=\sum_{i=1}^{m}\sum_{j=1}^{n_i}(X_{ij}-\overline{X}_i)^2\\&=(72-68)^2+\cdots+(69-68)^2-(64-68)^2+\cdots+(73-68)^2+\\&\quad(75-76)^2+\cdots+(74-76)^2=124\end{aligned}$$

$$Q_T=Q_G+Q_E=144+124=268$$

总变差平方和、组间变差平方和、组内变差平方和的自由度分别为：

$$f_T=4+5+3-1=11，f_G=3-1=2，$$

$$f_E=(4-1)+(5-1)+(3-1)=9$$

故有 $f_T=f_G+f_E=2+9=11$。

5.2　方差分析的原理

设有 m 个样本，它们来自具有共同方差 σ^2 的 m 个正态总体。如果原假设 H_0：$\mu_1=\mu_2=\cdots=\mu_m=\mu$ 成立，则 m 个总体既具有共同的方差 σ^2，又具有共同的均值 u。因此，从 m 个完全相同的总体中各抽取一个样本，就相当于从同一总体中抽取 m 个样本。因此，在原假设 H_0：$\mu_1=\mu_2=\cdots=\mu_m=\mu$ 成立的条件下，总方差估计值、组间方差估计值与组内方差估计值具有相同的期望值 σ^2，即：

$$\left\langle\frac{Q_T}{mn-1}\right\rangle=\left\langle\frac{\sum_{i=1}^{m}\sum_{j=1}^{n}(X_{ij}-\overline{X})^2}{mn-1}\right\rangle=\sigma^2$$

$$\left\langle\frac{Q_G}{m-1}\right\rangle=\left\langle\frac{n\sum_{i=1}^{m}(X_i-\overline{X})^2}{m-1}\right\rangle$$

$$=n\left\langle\frac{\sum_{i=1}^{m}(X_i-\overline{X})^2}{m-1}\right\rangle=n\frac{\sigma^2}{n}=\sigma^2$$

$$\left\langle\frac{Q_E}{m(n-1)}\right\rangle=\left\langle\frac{\sum_{i=1}^{m}\sum_{j=1}^{n}(X_{ij}-\overline{X}_i)^2}{m(n-1)}\right\rangle$$

$$=\frac{1}{m}\sum_{i=1}^{m}\left\langle\frac{\sum_{j=1}^{n}(X_{ij}-\overline{X}_i)^2}{(n-1)}\right\rangle$$

$$=\frac{1}{m}\sum_{i=1}^{m}\sigma^2=\sigma^2$$

也就是说，$\frac{Q_G}{m-1}$ 和 $\frac{Q_E}{m(n-1)}$ 都是 σ^2 无偏估计值，两者之比应该接近 1。

$$F=\frac{\frac{Q_G}{m-1}}{\frac{Q_E}{m(n-1)}} \tag{5.12}$$

如果由样本值计算的值比 1 大很多，即组间方差估计值比组内方差估计值大很多，说明样本值同原假设有显著矛盾，就有理由否定原假设 H_0。因此，式(5.12) 可以作为 F 检验的统计量。对于给定的显著性水平 α，$F\geqslant F_\alpha$ 的概率：

$$P(F\geqslant F_\alpha)=\alpha$$

如果由样本值计算的 F 值，大于 F 分布表中相应自由度 f_G 和 f_E 下的临界值 $F_{(\alpha,f_G,f_E)}$，那么，S_E^2 与 S_G^2 为同一方差 σ^2 的估计值的概率小于 α。α 是一个很小的概率，根据小概率事件原理，这种情况在一次测定中实际上是不可能发生的，因此，应当否定原假设 H_0。如果由样本值计算的 F 值小于 $F_{(\alpha,f_G,f_E)}$，S_G^2 和 S_E^2 很可能是同一方差 σ^2 的估计值。这也就意味着分组因素不起作用，m 个正态总体的均值 μ_1，μ_2，…，μ_m 都是相同的，接受原假设。由此看出，方差分析的实质，就是检验多个总体的均值。

方差分析的程序归纳如下：

① 提出原假设 H_0 和备择假设 H_1

H_0：$\mu_1=\mu_2=\cdots=\mu_m$

H_1：各总体均值不全部相等。

② 由样本值计算各项变差平方和及其相应的自由度。

③ 选定显著性水平 α，由 F 分布表查出相应自由度下的临界值 $F_{(\alpha,f_G,f_E)}$。

④ 计算统计量 F 值，并将 F 同临界值 $F_{(\alpha,f_G,f_E)}$ 比较，$F < F_{(\alpha,f_G,f_E)}$，接受 H_0；$F \geqslant F_{(\alpha,f_G,f_E)}$，否定 H_0，接受 H_1。

⑤ 也可以将方差分析结果列成方差分析表。

【例 5.2】定量分析教学实验中，由学生分析同一水样中 CaO 的含量（μg/mL）。每名学生做 4 次测定，所有仪器经过校正，所用试剂相同。在近百名的学生中随机抽取 4 人，他们测得的数据见表 5.2。试确定学生的测定值是否有显著性差异。

表 5.2　测定值

学生	测定值/（μg/mL）				和	均值
	1	2	3	4		
甲	2.81	2.75	2.91	2.77	11.24	2.81
乙	2.12	2.08	2.25	2.18	8.63	2.16
丙	2.76	2.85	2.77	2.83	11.21	2.80
丁	2.54	2.67	2.76	2.69	10.66	2.665

解：① H_0：$\mu_1 = \mu_2 = \cdots = \mu_m$　H_1：学生测定平均值不全部相等。

② 由样本值计算各项变差平方和及其相应的自由度。

$$
\begin{aligned}
Q_T &= \sum_{i=1}^{m}\sum_{j=1}^{n}(X_{ij} - \overline{X})^2 \\
&= \sum_{i=1}^{m}\sum_{j=1}^{n_i}X_{ij}^2 - \frac{1}{mn}\left(\sum_{i=1}^{m}\sum_{j=1}^{n_i}X_{ij}\right)^2 \\
&= 110.0914 - 108.8892 = 1.2022
\end{aligned}
$$

$$
\begin{aligned}
Q_G &= n\sum_{i=1}^{m}(\overline{X}_i - \overline{X})^2 \\
&= \frac{1}{n}\sum_{i=1}^{m}\left(\sum_{j=1}^{n}X_{ij}\right)^2 - \frac{1}{mn}\left(\sum_{i=1}^{m}\sum_{j=1}^{n}X_{ij}\right)^2 \\
&= 110.02855 - 108.8892 = 1.1393
\end{aligned}
$$

$$
\begin{aligned}
Q_E &= \sum_{i=1}^{m}\sum_{j=1}^{n}(X_{ij} - \overline{X}_i)^2 \\
&= \sum_{i=1}^{m}\sum_{j=1}^{n}X_{ij}^2 - \frac{1}{n}\sum_{i=1}^{m}\left(\sum_{j=1}^{n}X_{ij}\right)^2 \\
&= 110.0914 - 110.02855 = 0.06285
\end{aligned}
$$

$$f_T = mn - 1 = 16 - 1 = 15,\quad f_G = m - 1 = 4 - 1 = 3,$$

$$f_E = m(n-1) = 4 \times (4-1) = 12$$

③ 选定显著性水平 $\alpha = 0.05$，查 F 分布表。

$$F_{(0.05,3,12)}=3.49$$

④ 计算统计量 F 值。

$F=\dfrac{Q_G/f_G}{Q_E/f_E}=\dfrac{1.13935/3}{0.06285/12}=72.51$，$F>F_{(0.05,3,12)}$，否定原假设 H_0，可见学生的测定值差异非常显著。

⑤ 列成方差分析表，见表 5.3。

表 5.3　学生测定值方差分析表

方差来源	变差平方和	自由度	方差估计值	F 值	$F_{(0.05,3,12)}$	显著性
学生间	1.13935	3	0.37978	72.51	3.49	*
误差	0.06285	12	0.005237			
总和	1.2022	15				

5.3　单因素试验的方差分析

单因素试验的数据处理在分析测试中经常遇到。在进行改进和建立分析方法时，需要研究各种试验条件的影响，比如，溶液 pH 值、显色剂浓度、显色时间等对络合物显色强度的影响，研究干扰离子浓度的影响，考查掩蔽剂的作用等。这类试验数据的处理，就是一个单因素多水平试验的方差分析问题。前面的例 5.2 就是一个单因素多水平等重复测定次数的试验。下面再举例说明单因素多水平不等重复测定次数的试验。

变差平方和的计算比较麻烦，如果采用简化公式来计算变差平方和，可得如下公式：

$$Q_T=\sum_{i=1}^{m}\sum_{j=1}^{n_j}(X_{ij}-\overline{X})^2=\sum_{i=1}^{m}\sum_{j=1}^{n_j}X_{ij}^2-\frac{T^2}{N} \tag{5.13}$$

$$Q_G=\sum_{i=1}^{m}n_i(\overline{X}_i-\overline{X})^2=\sum_{i=1}^{m}\frac{T_i^2}{n_i}-\frac{T^2}{N} \tag{5.14}$$

$$Q_E=\sum_{i=1}^{m}\sum_{j=1}^{n_j}(X_{ij}-\overline{X})^2=\sum_{i=1}^{m}\sum_{j=1}^{n_j}X_{ij}^2-\sum_{i=1}^{m}\frac{T_i^2}{N} \tag{5.15}$$

式中，N 为总测定次数，当在因素各水平重复测定次数相同时，则 $N=mn$；当在因素各水平重复测定次数不相等时，则 $N=\sum_{i=1}^{m}n_i$，$\overline{X}_i$ 与 T_i 分别为在因素 i 水平的各测定值的平均值及总和，$\overline{X}$ 与 T 分别为全部测定值的平均值及总和。

$$T_i=\sum_{j=1}^{n_j}X_{ij},\quad T=\sum_{i=1}^{m}\sum_{j=1}^{n_j}X_{ij}$$

计算各项变差平方和的自由度为 $f_T=N-1$，$f_G=m-1$，$f_E=N-m$。

单因素多水平试验方差分析表的一般形式，如表 5.4 所示。

表 5.4　单因素多水平试验方差分析表

方差来源	变差平方和	自由度	方差估计值	预期方差	F 值	$F_{(\alpha,f_G,f_E)}$	显著性
组间	Q_G	$m-1$	$\dfrac{Q_G}{m-1}$	$\dfrac{(\sum n_i)^2-\sum n_i^2}{(m-1)\sum n_i}\sigma_G^2+\sigma_E^2$			
组内	Q_E	$N-m$	$\dfrac{Q_E}{N-m}$	σ_E^2			
总和	Q_T	$N-1$					

【例 5.3】为建立一个新的分析方法，考查了酸度对吸光度的影响，得到的结果见表 5.5 所示。

表 5.5　含酸量和吸光度数值

含酸量/%	吸光度（X_i）	T_i	$\bar{X}_i$
0	0.140　0.142　0.144	0.426	0.142
1	0.152　0.150　0.156　0.154	0.612	0.153
2	0.160　0.158　0.163　0.161	0.642	0.1605
3	0.175　0.173	0.348	0.174
4	0.180　0.184　0.182　0.186	0.732	0.183

试由表 5.5 中数据评价酸度对吸光度的影响。

解：本例是不等重复测定次数的单因素多水平试验，试验结果的方差分析见表 5.6。

$$Q_T=\sum_{i=1}^{m}\sum_{j=1}^{n_j}(X_{ij}-\bar{X})^2=\sum_{i=1}^{m}\sum_{j=1}^{n_j}X_{ij}^2-\frac{T^2}{N}=0.45174-0.448094=0.003646$$

$$Q_G=\sum_{i=1}^{m}n_i(\bar{X}_i-\bar{X})^2=\sum_{i=1}^{m}\frac{T_i^2}{n_i}-\frac{T^2}{N}=0.451677-0.448094=0.003583$$

$$Q_E=\sum_{i=1}^{m}\sum_{j=1}^{n_j}(X_{ij}-\bar{X})^2=\sum_{i=1}^{m}\sum_{j=1}^{n}X_{ij}^2-\sum_{i=1}^{m}\frac{T_i^2}{N}=0.45174-0.451677=0.000063$$

表 5.6　试验结果的方差分析表

方差来源	变差平方和	自由度	方差估计值	F 值	$F_{(0.05)}$	预期方差	显著性
酸度影响	0.003583	4	0.00089575	170.6	3.26	$3.35\sigma_G^2+\sigma_E^2$	*
试验误差	0.000063	12	0.00000525			σ_E^2	
总和	0.003646	16					

由表 5.6 看出，酸度对吸光度有非常明显的影响，在所试验的酸度范围里，吸光度随酸度的增加而增大。

方差分析还能够判断各因素影响的相对大小。

当分组因素起作用时，分组因素的方差为 σ_G^2，随机因素效应的方差为$\dfrac{\sigma_E^2}{n}$，n 为测定各组平均值的重复测定次数，故总的预期方差为 $\sigma_G^2+\frac{\sigma_E^2}{n}$，其相应的估计值为 $\frac{\sum_{i=1}^{m}(\overline{X}_i-\overline{X})^2}{m-1}$，于是有如下关系：

$$\frac{\sum_{i=1}^{m}(\overline{X}_i-\overline{X})^2}{m-1}\rightarrow\sigma_G^2+\frac{\sigma_E^2}{n}$$

即

$$\frac{n\sum_{i=1}^{m}(\overline{X}_i-\overline{X})^2}{m-1}\rightarrow n\sigma_G^2+\sigma_E^2 \tag{5.16}$$

当各组的测定次数 n_i 不相等时，则预期方差为：

$$\frac{(\sum_{i=1}^{m}n_i)^2-\sum_{i=1}^{m}n_i^2}{(m-1)\sum_{i=1}^{m}n_i}\sigma_G^2+\sigma_E^2 \tag{5.17}$$

这里符号“→”表示左方为右方的估计值。有了预期方差与方差估计值，就可以估算各因素影响的相对大小。例如，在本节的例 5.3 中，由预期方差可以计算出酸度影响形成的方差 $\sigma_E^2=0.00000525$，由此计算出 $\sigma_G^2=\frac{0.00089575-0.00000525}{3.35}=0.00026582$，即在总方差 $\sigma_T^2=\sigma_G^2+\sigma_E^2=0.00027107$ 中，酸度影响形成的方差(0.00026582)约占 98%，因此，严格控制酸度是本实验的关键。

应当注意的是，不等重复测定次数的单因素多水平试验的数据处理比等重复测定次数的单因素多水平试验要麻烦得多，而且，当总的试验次数 N 一定时，等重复测定次数试验的精密度比不等重复测定次数试验要高，因此，应尽量进行等重复测定次数试验，一般不要进行不等重复测定次数的试验。

下面再专门讨论一下利用单因素多水平试验的方差分析指导抽样的问题。

正确的由总体中抽取样本是保证获得可靠结果的先决条件。抽样的基本要求是要保证抽取的样本具有充分的代表性，在抽取样本时不能有意识地只抽好的或只抽差的，而应该用随机方法抽样。其次是必须满足对测定所提出的精度要求，为此必须合理地确定样本容量。样本容量过小不能保证必要的精度要求；样本容量过大，花费过大，经济上不合理。

当测定由总体不同部位抽取样本时，总变差平方和有两个来源：一是由样品不均匀性引起的；二是试验误差。当由总体同部位抽取样本进行测定时，其变差只反映试验误差。如果总体是均匀的，由于样本不均匀性而引起的变差平方和应为 0，由总体不同部位取样进行测定与由总体任何部位取样进行重复测定，在总测定次数相同时，它们的变差平方和应该是一样的。如果试样总体不均匀，存在不均匀性变差，两种抽取样本的方法产生的变差平方和就会不同。由试样总体不同部位抽样测定时所产生的方差与由试样总体同部位抽样进行重复测定产生的方差的相对大小，就反映了试样不均匀性的程度。

在这里，可以将样本的均匀性视为“因素”，取样的不同部位看作因素的不同“水平”。因此，检验试样的均匀性在本质上可以当作一个单因素多水平试验的方差分析问题来对待。

【例 5.4】为检验试样的均匀性，由试样 10 个不同部位取样进行测定，测定方差为 6.0×10^{-3}。另由试样任一部位抽样重复测定 10 次，测定方差为 1.5×10^{-3}。试对试样的均匀性做出评价。

解：利用 F 检验 $F=\dfrac{S_1^2}{S_2^2}=\dfrac{6.0\times10^{-3}}{1.5\times10^{-3}}=4.0$，查 F 分布表，$F_{(0.05,9,9)}=3.18$。$F>F_{(0.05,9,9)}$，说明试样是不均匀的，这一结论的置信度是 95%。当试样不均匀时，应该如何取样才是最合理的呢？当试样是均匀时，对 m 个试样各进行 n 次测定，实际上可以当作是对同一样品进行 mn 次重复测定。若令单次测定的方差为 S^2，则平均值的方差 $S_{\overline{X}}^2=S^2/(mn)$。在这种情况下，增加取样点数目 m 与增加重复测定次数 n，对提高测定精密度其效果是等同的。当试样不均匀时，由试验不均匀性引起的方差由下式决定：

$$S_{均}^2=\sum_{i=1}^{m}(\overline{X}_i-\overline{X})^2/(m-1)$$

随着取样点数目的增多，$S_{均}^2$ 减小，试样不均匀性影响减小。如果只增加重复测定次数 n，只能减小试验误差，而不能减小试样不均匀性引起的误差。因此，当试样不均匀性引起的方差在总方差中占比主要地位时，在总测定次数相同的条件下，尽可能增加取样点的数目，这样对提高结果的精密更为有利。

5.4 两因素交叉分组全面试验的方差分析

在两因素交叉分组试验的方差分析中，只考虑两个可搭的因素，其中因素 A 有 a 个水平 A_1，…，A_a，因素 B 有 b 个水平 B_1，…，B_b，把 A_iB_j 全面搭配起来进行实验，就要进行 ab 个实验，交叉分组试验的方差分析可分为无重复和有重复两种。

5.4.1 无重复

无重复双因素交叉分组试验，是在每一种 A_iB_j 组合下只做一次试验，测得试验指标的一个测定值 X_{ij}，共得到 $ab=N$ 个数据。如果假定因素 A、B 对试验标准的影响是互相独立的，即假定因素 A、B 不存在交互作用，则数据的结构式为：

$$X_{ij}=\mu+a_i+\beta_j+e_{ij} \tag{5.18}$$

式中，μ 是总平均值；常数 α_i、β_j 分别代表因素 A 的 i 水平、因素 B 的 j 水平对实验指标的影响；e_{ij} 是在 A_iB_j 组合试验中遵守 $N(0,\sigma_E^2)$ 的随机误差。显然：

$$\sum\alpha_i=\sum\beta_i=0$$

双因素方差分析所要检验的两个假设是：

$$H_{OA}:\alpha_1=\alpha_2=\cdots=\alpha_a=0$$

$$H_{OB}:\beta_1=\beta_2=\cdots=\beta_b=0$$

原假设成立，说明该因素各水平无差别；反之，说明它们有差异。令 $\overline{X}_i$ 代表保持因素A的水平 i 不变，因素B各水平所有测定值的均值；$\overline{X}_j$ 代表保持因素B的水平 j 不变，因素A各水平所有测定值的均值；$\overline{X}$ 代表总平均值，即因素A的各个水平 i、因素B的各个水平 j 各种组合的测定值的均值。用公式表示为：

$$\overline{X}_i = \frac{1}{b}\sum_{j=1}^{b} X_{ij}$$

$$\overline{X}_j = \frac{1}{a}\sum_{i=1}^{a} X_{ij}$$

$$\overline{X} = \frac{1}{a}\sum_{i=1}^{a}\overline{X}_i = \frac{1}{b}\sum_{i=1}^{b}\overline{X}_j = \frac{1}{ab}\sum_{i=1}^{a}\sum_{j=1}^{b} X_{ij}$$

数据 X_{ij} 可按式(5.18)分解为：

$$X_{ij} = \overline{X} + (X_{ij} - \overline{X}) = \overline{X} + (\overline{X}_{ij} - \overline{X}) + (\overline{X}_i - \overline{X}) + (X_{ij} - \overline{X}_i - \overline{X}_j + \overline{X})$$

再把总平方和 Q_T、因素A间平方和 Q_A、因素B间平方和 Q_B 和误差平方和 Q_E 分别定义为：

$$Q_T = \sum_{i=1}^{a}\sum_{j=1}^{b}(X_{ij} - \overline{X})^2$$

$$Q_A = b\sum_{i=1}^{a}(\overline{X}_i - \overline{X})^2$$

$$Q_B = a\sum_{j=1}^{b}(\overline{X}_j - \overline{X})^2$$

$$Q_E = \sum_{i=1}^{a}\sum_{j=1}^{b}(X_{ij} - \overline{X}_i - \overline{X}_j + \overline{X})^2$$

这些平方和具有加和性：

$$Q_T = Q_A + Q_B + Q_E$$

它们的自由度分别为：$f_T = ab-1$，$f_A = a-1$，$f_B = b-1$，$f_E = (a-1)(b-1)$。

对应方差是：$S_A^2 = \frac{Q_A}{a-1}$，$S_B^2 = \frac{Q_B}{b-1}$，$S_E^2 = \frac{Q_B}{(a-1)(b-1)}$。

可以说明，在原假设 H_{OA} 成立条件下，统计量：

$$F_A = \frac{S_A^2}{S_E^2}$$

是遵从自由度为 f_A、f_E 的 F 分布。这样如果 $F_A \leqslant F_{(\alpha, f_A, f_E)}$，则原假设 H_{OA} 成立；如果 $F_A > F_{(\alpha, f_A, f_E)}$，则原假设 H_{OA} 被否定。同理，在原假设 H_{OB} 成立条件下，统计量：

$$F_B = \frac{S_B^2}{S_E^2}$$

是遵守自由度为 f_B、f_E 的 F 分布。这样，如果 $F_B \leqslant F_{(\alpha, f_B, f_E)}$，则 H_{OB} 成立；如果 $F_B > F_{(\alpha, f_B, f_E)}$，则 H_{OB} 被否定。

进行 Q_T、Q_A、Q_B 的计算时，通常要进行变换后，用下面的公式计算。

令 $T_i=\sum_{j=1}^{b}X_{ij}$，$T_j=\sum_{i=1}^{a}X_{ij}$，$T=\sum_{i=1}^{a}\sum_{j=1}^{b}X_{ij}$ 则：

$$Q_T=\sum_{i=1}^{a}\sum_{j=1}^{b}X_{ij}^2-\frac{T^2}{ab}$$

$$Q_A=\frac{1}{b}\sum_{i=1}^{a}T_i^2-\frac{T^2}{ab}$$

$$Q_B=\frac{1}{a}\sum_{j=1}^{b}T_j^2-\frac{T^2}{ab}$$

$$Q_E=\sum_{i=1}^{a}\sum_{j=1}^{b}X_{ij}^2-\frac{1}{b}\sum_{i=1}^{a}T_i^2-\frac{1}{a}\sum_{j=1}^{b}T_j^2+\frac{T^2}{ab}$$

无重复双因素交叉分组试验方差分析表如表 5.7 所示。

表 5.7　无重复双因素交叉分组试验方差分析表

方差来源	变差平方和	自由度	方差估计值	期望方差	F 值	F 临界值	显著性
因素 A 主效应	Q_A	$a-1$	$\frac{Q_A}{a-1}$	$\sigma_E^2+\frac{b\sum_{i=1}^{a}\alpha_i^2}{a-1}$			
因素 B 主效应	Q_B	$b-1$	$\frac{Q_B}{b-1}$	$\sigma_E^2+\frac{a\sum_{i=1}^{b}\beta_i^2}{b-1}$			
误差效应	Q_E	$(a-1)(b-1)$	$\frac{Q_E}{(a-1)(b-1)}$	σ_E^2			
总和	Q_T	$ab-1$					

【例 5.5】在用火焰原子吸收分光光度法测定镍电解液中微量杂质铜时，研究了乙炔和空气流量变化对铜在 324.7nm 处的吸光度影响，得到表 5.8 所示结果。

表 5.8　乙炔和空气流量变化对铜吸光度影响

乙炔/(L/min)	空气/(L/min)				
	8	9	10	11	12
1.0	81.1	81.5	80.3	80.0	77.0
1.5	81.4	81.8	79.4	79.1	75.9
2.0	75.0	76.1	75.4	75.4	70.8
2.5	60.4	67.9	68.7	69.8	68.7

试根据表中数据分析乙炔和空气流量变化对铜吸光度的影响。

解：先按上面的公式计算各项变差平方和，再列成方差分析表（表 5.9）。

$$Q_T=\sum_{i=1}^{4}\sum_{j=1}^{5}X_{ij}^2-\frac{T^2}{N}=114004.89-113356.62=648.27$$

$$Q_{乙炔}=\frac{1}{5}\sum_{i=1}^{5}T_i^2-\frac{T^2}{N}=113894.26-113356.62=537.64$$

$$Q_{空气}=\frac{1}{4}\sum_{j=1}^{5}T_j^2-\frac{T^2}{N}=113392.10-113356.62=35.48$$

$$Q_E=\sum_{i=1}^{4}\sum_{j=1}^{5}X_{ij}^2-\frac{1}{5}\sum_{i=1}^{4}T_i^2-\frac{1}{4}\sum_{j=1}^{5}T_j^2+\frac{T^2}{N}$$
$$=114004.89-113894.26-113392.10+113356.62=75.15$$

表 5.9　例 5.5 方差分析表

方差来源	变差平方和	自由度	方差估计值	F 值	$F_{(0.05,f_1,f_2)}$	显著性
乙炔流量效应	537.64	3	179.21	28.63	3.49	*
空气流量效应	35.48	4	8.87	1.42	3.26	
试验误差效应	75.15	12	6.26			
总和	648.27	19				

由表 5.9 可以看出，乙炔流量对铜的吸光度的影响是较显著的，空气流量对铜吸光度的影响不显著。

5.4.2　有重复

在无重复双因素交叉分组试验的方差分析中，我们未考虑因素间的交互作用。虽然交互作用一般很小，但常常是存在的，需要建立起正确的概念。

因素效应是指因素的水平变化时测定指标所发生的变化，这种效应称为主效应。例如在表 5.10 的数据中，因素 A 的主效应是指 A 产生的第二水平指标均值与第一水平指标均值之差：

$$A=\frac{40+52}{2}-\frac{20+30}{2}=21$$

表 5.10　双因素试验

因素	B_1	B_2
A_1	20	30
A_2	40	52

同样，因素 B 的主效应是：

$$B=\frac{30+52}{2}-\frac{20+40}{2}=11$$

但在另一试验中，因素 A 的不同水平与因素 B 的不同水平搭配时，产生的观测指标之差是不同的。例如在表 5.11 的数据中，因素 A 在因素 B 第一水平的效应是：

$$A=50-20=30$$

而在因素 B 第二水平的效应是：

$$A=12-40=-28$$

这时因素 A 的效应与所选用的因素 B 的水平有关，可认为因素 A 和 B 存在交互作用。

注意，当交互作用大时，主效应就缺乏实际意义。如果对表 5.11 数据简单地用上述方法进行分析，则A的效应$A=\frac{50+12}{2}-\frac{20+40}{2}=1$，就会做出因素A几乎无效的结论。但如果我们察看因素A在因素B不同水平的效应，就会做出相反的结论：因素A是有效应的，但它与B的水平有关。在有显著交互作用的情况下，为了弄清楚A的主效应，可把其他因素不变而改变A的水平进行试验。

表5.11 具有交互作用的双因素试验

因素	B_1	B_2
A_1	20	40
A_2	50	12

为了判断两个因素是否存在交互作用，要进行有重复的试验，否则交互作用和试验误差不能有区分。

在有重复双因素交叉分组试验中，如果因素A有a个水平，因素B有b个水平，每个A_iB_j组合进行n次试验(n可能等同，也可能不同)，则数据的排布如表5.12所示。

表5.12 有重复双因素交叉分组试验排布表（等重复）

因素	B_1	B_2	…	B_b
A_1	X_{111}，X_{112}，…，X_{11b}	X_{121}，X_{122}，…，X_{12b}	…	X_{1b1}，X_{1b2}，…，X_{1ba}
A_2	X_{211}，X_{212}，…，X_{21b}	X_{221}，X_{222}，…，X_{22b}	…	X_{2b1}，X_{2b2}，…，X_{2ba}
…			…	
A_a	X_{a11}，X_{a12}，…，X_{a1b}	X_{a21}，X_{a22}，…，X_{a2b}	…	X_{ab1}，X_{ab2}，…，X_{aba}

令$\overline{X}$代表所有测定值总平均值；$\overline{X}_i$代表因素A第i水平下测定值的均值；$\overline{X}_j$代表因素B第j水平下测定值的均值；$\overline{X}_{ij}$代表在因素A第i水平和因素B第j水平下的测定值的均值。各项变差平方和定义如下：

总变差平方和反映了所有全部测定值对变差的贡献，由单次测定值X_i对全部测定值的平均值$\overline{X}$的离差平方和决定，即：

$$Q_{\mathrm{T}}=\sum_{i=1}^{a}\sum_{j=1}^{b}\sum_{k=1}^{n_{ij}}(X_{ijk}-\overline{X})$$

因素A、B的效应是指因素A和B的水平发生变动而引起的该因素不同水平下测定平均值之间的差异。它引起的变差平方和由因素A、B在不同水平下的测定平均值$\overline{X}_i$、$\overline{X}_j$对总平均值$\overline{X}$的变差平方和决定，即：

$$Q_{\mathrm{A}}=\sum_{i=1}^{a}n_i(\overline{X}_i-\overline{X})^2$$

$$Q_{\mathrm{B}}=\sum_{j=1}^{b}n_j(\overline{X}_j-\overline{X})^2$$

因素A和因素B的交互效应是指对两因素联合起来起作用而引起的效应，而不是指因素A和因素B在不同水平下组合 A_iB_j 下对测定值的总效应。因为不同水平组合下的总效应既包括了因素A和因素B的主效应，又包括了两因素之间的交互效应。因素A与因素B之间的交互效应可以由因素A与因素B不同组合 A_iB_j 下的总效应中扣除因素A与因素B的主效应来求得。交互效应变差平方和就等于不同 A_iB_j 下的平均值 $\overline{X}_{ij}$ 对总平均值 $\overline{X}$ 的离差平方和，减去因素A与因素B的主效应引起的变差平方和，即：

$$Q_{AB}=\sum_{i=1}^{a}\sum_{j=1}^{b}n_{ij}(\overline{X}_{ij}-\overline{X})^2-\sum_{i=1}^{a}n_i(\overline{X}_i-\overline{X})^2-\sum_{j=1}^{b}n_j(\overline{X}_j-\overline{X})^2$$

随机误差效应的变差平方和 Q_E 是指在因素A与因素B同一组合 A_iB_j 条件下，单次测定值与该条件下多次测定的平均值的离差平方和，即：

$$Q_E=\sum_{i=1}^{a}\sum_{j=1}^{b}\sum_{k=1}^{n_{ij}}(X_{ijk}-\overline{X}_{ij})$$

与各平方和对应的自由度列于表5.13。

表5.13 与各平方和对应的自由度

效应	自由度
A效应 B效应 AB交互效应	$f_A=a-1$ $f_B=b-1$ $f_{AB}=(a-1)(b-1)$
误差效应	$f_E=\sum_{i=1}^{a}\sum_{j=1}^{b}n_{ij}-ab$
总效应	$f_T=\sum_{i=1}^{a}\sum_{j=1}^{b}n_{ij}-1$

在实际的计算中，若令：

$$T=\sum_{i=1}^{a}\sum_{j=1}^{b}\sum_{k=1}^{n_{ij}}X_{ijk}$$

$$T_i=\sum_{j=1}^{b}\sum_{k=1}^{n_{ij}}X_{ijk}$$

$$T_j=\sum_{i=1}^{b}\sum_{k=1}^{n_{ij}}X_{ijk}$$

$$T_{ij}=\sum_{k=1}^{n_{ij}}X_{ijk}$$

则变差平方和计算公式为：

$$Q_T=\sum_{i=1}^{a}\sum_{j=1}^{b}\sum_{k=1}^{n_{ij}}X_{ijk}^2-\frac{T^2}{N}$$

$$Q_A=\sum_{i=1}^{a}\frac{T_i^2}{n_i}-\frac{T^2}{n}$$

$$Q_B=\sum_{j=1}^{b}\frac{T_j^2}{n_j}-\frac{T^2}{N}$$

$$Q_{AB}=\sum_{i=1}^{a}\sum_{j=1}^{b}\frac{T_{ij}^{2}}{n_{ij}}-\sum_{i=1}^{a}\frac{T_{i}^{2}}{n_{i}}-\sum_{j=1}^{b}\frac{T_{j}^{2}}{n_{j}}+\frac{T^{2}}{N}$$

$$Q_{B}=\sum_{i=1}^{a}\sum_{j=1}^{b}\sum_{k=1}^{n_{ij}}X_{ijk}^{2}-\sum_{i=1}^{a}\sum_{j=1}^{b}\frac{T_{ij}^{2}}{n_{ij}}$$

式中，$N=\sum_{i=1}^{a}\sum_{j=1}^{b}n_{ij}$。

正如在单因素方差分析中所指出的，不等重复测定次数的试验数据计算比等重复测定次数试验要麻烦，而且当试验总次数 N 一定时，等重复测定次数试验的精密度比不等重复测定次数试验要高，因此，应尽量采用等重复测定次数的试验方案。当为等重复测定次数试验时，各项变差平方和分别由下列各式计算：

$$Q_{T}=\sum_{i=1}^{a}\sum_{j=1}^{b}\sum_{k=1}^{n}X_{ijk}^{2}-\frac{T^{2}}{N}$$

$$Q_{A}=\frac{1}{bn}\sum_{i=1}^{a}T_{i}^{2}-\frac{T^{2}}{N}$$

$$Q_{B}=\frac{1}{an}\sum_{j=1}^{b}T_{j}^{2}-\frac{T^{2}}{N}$$

$$Q_{AB}=\frac{1}{n}\sum_{i=1}^{a}\sum_{j=1}^{b}T_{ij}^{2}-\frac{1}{bn}\sum_{i=1}^{a}T_{i}^{2}-\frac{1}{an}\sum_{j=1}^{b}T_{j}^{2}+\frac{T^{2}}{N}$$

$$Q_{E}=\sum_{i=1}^{a}\sum_{j=1}^{b}\sum_{k=1}^{n}X_{ijk}^{2}-\frac{1}{n}\sum_{i=1}^{a}\sum_{j=1}^{b}T_{ij}^{2}$$

其中 $N=abn$，而各项变差平方和的自由度分别为 $f_{T}=N-1$，$f_{A}=a-1$，$f_{B}=b-1$，$f_{AB}=(a-1)(b-1)$ 和 $f_{E}=ab(n-1)$。

两因素交叉分组全面试验的方差分析表，在等重复测定次数试验情况下，如表 5.14 所示。

表 5.14　两因素交叉分组全面试验方差分析表

方差来源	变差平方和	自由度	方差估计值	预期方差组成	F 值	F_{α} 值	显著性
因素 A 主效应	Q_{A}	$a-1$	$\frac{Q_{A}}{a-1}$	$\sigma_{E}^{2}+n\xi_{B}\sigma_{AB}^{2}+bn\sigma_{A}^{2}$			
因素 B 主效应	Q_{B}	$b-1$	$\frac{Q_{B}}{b-1}$	$\sigma_{E}^{2}+n\xi_{A}\sigma_{AB}^{2}+an\sigma_{B}^{2}$			
A 与 B 交互效应	Q_{AB}	$(a-1)(b-1)$	$\frac{Q_{AB}}{(b-1)(a-1)}$	$\sigma_{E}^{2}+n\sigma_{AB}^{2}$			
误差分析	Q_{E}	$ab(n-1)$	$\frac{Q_{E}}{ab(n-1)}$	σ_{E}^{2}			
总和	Q_{T}	$abn-1$					

方差分析表中预期方差组成栏内的 ξ 值由被研究因素的性质决定。如果所研究因素是固定因素，$\xi=0$；如果是随机因素，$\xi=1$。固定因素是指可完全控制的因素，如温度、压力、时间、流量、酸度、试剂用量等，不能由对固定因素已有水平效应进行的研

究，从统计上去推断因素在其他水平的效应。随机因素是因素的水平不是完全可以控制的或试验的个体是随机选择的(如从一批生产的仪器中随机选择仪器)，人们可以通过已经试验过的样本的效应，从统计上去推断因素在其他水平时未经试验样本的效应。例如，由一批进口纯石墨电极和国产灯塔牌碳电极中随机地抽取若干根，比较它们对蒸发法光谱分析灵敏度的影响，发现两种电极的效果是相同的，用国产碳电极可以替代进口纯石墨电极，这一结论不只是针对已试验过的电极而言，而且也可以推广到未试验过的电极上去，在这里电极材料这一因素就是随机因素。

随着所研究因素性质的不同，方差分析中 F 检验的程序亦不同。当 $\xi=0$，表示不存在交互效应应对主效应的干扰，这时主效应都对误差效应方差估计值进行 F 检验；当主效应预期方差组成中 $\xi=1$ 时，则主效应应对因素之间交互效应方差估计值进行 F 检验。

F 检验的一般程序是，先检验因素之间交互效应，后检验主效应。如果交互效应显著，则将交互效应变差平方和合并于误差效应变差平方和中，二者自由度也合并之，求出合并的误差效应方差估计值，再用它去检验各因素的主效应；如果交互效应显著，而主效应预期方差组成中 $\xi=1$，则用交互效应方差估计值去检验各因素的主效应。

【例 5.6】将例 5.5 的试验全部重复一次，得到数据如表 5.15 所示，再对数据进行方差分析，看看又应该得出什么结论。

表 5.15　乙炔空气流量变化对铜的吸光度影响重复试验数据表

乙炔/(L/min)	空气/(L/min)					
	8	9	10	11	12	T_i
1.0	81.1 80.5	81.5 81.0	80.0 80.5	80.0 81.0	77.0 76.5	799.4
1.5	81.4 80.7	81.8 82.0	79.4 80.0	79.1 79.5	75.9 76.0	795.8
2.0	75.0 74.5	76.1 76.5	75.4 76.0	75.4 76.0	70.8 71.0	746.7
2.5	60.4 61.0	67.9 68.0	68.7 69.0	69.8 70.0	68.7 69.0	672.5
T_j	594.6	614.8	609.3	610.8	584.9	

解：按上述同样方法计算各项变差平方和，并列成方差分析表（见表 5.16)。

表 5.16　例 5.6 方差分析表

方差来源	变差平方和	自由度	方差估计值	F 值	F_α	显著性
乙炔流量效应	1050.33	3	350.11	2918	3.10	*
空气流量效应	79.73	4	19.93	166	2.87	*
空气与乙炔流量交互效应	137.27	12	11.44	95	2.28	*
试验误差效应	2.36	20	0.12			
总和	1269.70	39				

由方差分析知道，乙炔流量、空气流量效应以及两者的交互效应都是高度显著的。从表中列出的试验测定值可以看出，随着空气流量的增加，铜吸光度逐渐减小，但减小速度较慢，铜吸光度随乙炔流量增加而下降得较快。同时，铜吸光度随乙炔流量的变化程度，与空气流量大小有关。这说明方差分析的结论是符合实验情况的，是正确的。

比较两张方差分析表可以看到，对于空气流量的影响，结论是不同的。在表 5.9 中空气流量的影响是不显著的，而在表 5.16 中，空气流量的影响是高度显著的。为什么会得出不同的结论呢？因为在例 5.5 的试验数据处理中，未考虑到交互效应对主效应的干扰，交互效应变差平方和混杂在试验误差效应变差平方和中，增大了实验误差效应，降低了 F 检验的灵敏度，从而妨碍了对空气流量效应的判断。由此可以得出一个结论，当被研究因素之间的交互效应较大时，必须进行重复测定，以便在方差分析时能将试验精度估计出来和考查因素之间的交互效应，以及正确地评定各因素的主效应。

【例 5.7】为了研究铝材本身的差异对它们在高温水中腐蚀的影响，用三种不同的铝材在去离子水和自来水中于 170℃下进行一个月的腐蚀试验，测得的腐蚀率（10^{-3} 英寸，1 英寸＝0.0254 米）如表 5.17 所示。试由试验数据考查铝材材质和水质对铝材腐蚀的影响。

表 5.17　铝材在高温水中的腐蚀率

名称	去离子水		自来水	
铝材 1	0.09	0.07	0.22	0.21
铝材 2	0.06	0.06	0.21	0.19
铝材 3	0.07	0.09	0.29	0.29

解：所试验的铝材是由无数铝材中任意抽取的三批样品，看作是随机因素，而水质是固定因素。计算各项变差平方和及其相应自由度（表 5.18）。

$$Q_{\mathrm{T}}=\sum_{i=1}^{3}\sum_{j=1}^{2}\sum_{k=1}^{2}X_{ijk}^{2}-\frac{T^{2}}{12}=0.3741-0.2852=0.0889$$

$$Q_{\mathrm{A}}=\frac{1}{2\times 2}\sum_{i=1}^{3}T_{i}^{2}-\frac{T^{2}}{N}=0.2915-0.2852=0.0063$$

$$Q_{\mathrm{B}}=\frac{1}{3\times 2}\sum_{j=1}^{2}T_{j}^{2}-\frac{T^{2}}{N}=0.3636-0.2852=0.0784$$

$$Q_{\mathrm{AB}}=\frac{1}{2}\sum_{i=1}^{3}\sum_{j=1}^{2}T_{ij}^{2}-\frac{1}{4}\sum_{i=1}^{3}T_{i}^{2}-\frac{1}{6}\sum_{j=1}^{2}T_{j}^{2}+\frac{T^{2}}{N}$$
$$=0.3735-0.2915-0.3636+0.2852=0.0036$$

$$Q_{\mathrm{E}}=\sum_{i=1}^{3}\sum_{j=1}^{2}\sum_{k=1}^{2}X_{ijk}^{2}-\frac{1}{2}\sum_{i=1}^{3}\sum_{j=1}^{2}\frac{T_{ij}^{2}}{n_{ij}}=0.3741-0.3735=0.0006$$

各项变差平方和自由度为：$f_{\mathrm{T}}=12-1=11$，$f_{\mathrm{A}}=3-1=2$，$f_{\mathrm{B}}=2-1=1$，$f_{\mathrm{AB}}=(3-1)\times(2-1)=2$，$f_{\mathrm{E}}=3\times 2\times(2-1)=6$。

方差检验时，先检验铝材与水质两因素之间的交互作用。统计量：

$$F=\frac{0.0036/2}{0.0006/6}=18$$

查 F 分布表，$F_{(0.05,2,6)}=5.14$。$F>F_{(0.05,2,6)}$，两因素之间的交互效应为高度显著。其次检验铝材材质和水质主要效应。因为铝材材质是随机因素，$\xi_A=1$；水质是固定因素，$\xi_B=0$，检验铝材材质效应时，将相应方差估计值对交互效应的方差估计值进行检验：

$$F=\frac{0.0063/2}{0.0036/2}=1.75$$

查 F 分布表，$F_{(0.05,2,2)}=19.0$。$F<F_{(0.05,2,2)}$，表明铝材材质本身腐蚀的影响不显著。

检验水质主效应时，将相应方差估计值对试验误差效应的方差估计值进行检验：

$$F=\frac{0.0784/1}{0.0006/6}=784$$

查 F 分布表，$F_{(0.05,1,6)}=5.99$，$F>F_{(0.05,1,5)}$，表明水质对铝材腐蚀的影响是高度显著的。

由预期方差组成还可以进一步确定各因素效应形成的方差相对大小，求得的各方差值分别为 $\sigma_A^2=0.00076$，占 5.25%；$\sigma_B^2=0.01277$，占 88.9%；$\sigma_{AB}^2=0.00085$，占 5.87%；$\sigma_E^2=0.0001$，占 0.69%。各因素中水质对铝材腐蚀的影响是最大的。

表 5.18　例 5.7 方差分析表

方差来源	变差平方和	自由度	方差估计值	预期方差组成	F 值	$F_{0.05}$	显著性
铝材材质效应	0.0063	2	0.00315	$\sigma_E^2+4\sigma_A^2$	1.75	19.0	
水质效应	0.0784	1	0.0784	$\sigma_E^2+2\sigma_{AB}^2+6\sigma_B^2$	784	5.99	*
铝材与水质交互效应	0.0036	2	0.0018	$\sigma_E^2+2\sigma_{AB}^2$	18	51.4	*
试验误差效应	0.0006	6	0.0001	σ_E^2			
总和	0.0889	11					

5.5　两因素系统分组全面试验的方差分析

所谓系统分组是先按一级因素 A 分成 a 组，然后再按二级因素 B 的 b 个水平分组。如果还有因素 C，在按因素 A、B 的水平分组后，再按因素 C 分组，等等。与交叉分组不同，在系统分组中，一级分组因素 A 与二级分组因素 B 之间不再是平等的了，而侧重一级分组因素 A，二级分组因素 B 的效应是随着一级分组因素 A 的水平不同而变化的。两因素等重复测定次数的系统分组试验安排如表 5.19 所示。

表 5.19 所示的试验安排是研究实验室间再现性误差和建立新分析方法时的典型的试验安排方式。在研究和建立新的分析方法时，为了确定分析方法的可靠性和适用性，通常要有不同的实验室，每个实验室又由若干分析人员在不同时间，甚至用不同组成的试样进行多次重复测定，然后对测试数据进行统计处理，求得最后结果，做出必要结论。

在两因素系统分组试验安排中，各项变差平方和与自由度的计算方法，同交叉分组试验是有所不同的。

表 5.19　两因素系统分组全面试验安排

一级分组	二级分组	重复测定次数	$\sum_{i=1}^{a} X_{ijk}$	$\sum_{j=1}^{b}\sum_{k=1}^{n} X_{ijk}$	$\sum_{i=1}^{a}\sum_{j=1}^{b}\sum_{k=1}^{n} X_{ijk}$
1	1，1 1，2 … 1，b	X_{111}，X_{112}…，X_{11n} X_{121}，X_{122}…，X_{12n} … X_{1b1}，X_{1b2}…，X_{1bn}	T_{11} T_{12} … T_{1b}	T_1	
…		…	…	…	
a	a，1 a，2 … a，b	X_{a11}，X_{a12}…，X_{a1n} X_{a21}，X_{a22}…，X_{a2n} … X_{ab1}，X_{ab2}…，X_{abn}	T_{a1} T_{a2} … T_{ab}	T_a	

各单次测定值 X_{ijk} 对总平均值 $\overline{X}$ 的离差平方和反映了测定的总的变差：

$$Q_T=\sum_{i=1}^{a}\sum_{j=1}^{b}\sum_{k=1}^{n}(X_{ijk}-\overline{X})^2=\sum_{i=1}^{a}\sum_{j=1}^{b}\sum_{k=1}^{n}X^2{}_{ijk}-\frac{T^2}{abn}$$

一级因素 A 引起的变差反映了一级分组因素 A 的效应，它引起的变差平方和由因素 A 各水平的平均值 $\overline{X}_i$ 对总平均值的离差平方和决定。

$$Q_A=bn\sum_{i=1}^{a}(\overline{X}_i-\overline{X})^2=\frac{1}{bn}\sum_{i=1}^{a}T_i^2-\frac{T^2}{abn}$$

在系统分组试验中，因素 A 效应的计算方法与交叉分组试验中是不同的。在交叉分组试验中，因素A与因素B的地位是相同的，而在系统分组试验中，因素B是二级分组因素，试验是在按因素A分组的前提下，再按因素B的不同水平分组。因素B不同水平之间的差异，反映了在因素 A 某一水平下的差异，而不是对总体均值的差异。因此，因素B效应产生的变差平方和由因素B各水平的测定平均值 $\overline{X}_{ij}$ 对因素 A 某同一水平 i 的测定平均值 $\overline{X}_i$ 的离差平方和决定。

$$Q_B=n\sum_{i=1}^{a}\sum_{j=1}^{b}(\overline{X}_{ij}-\overline{X}_i)^2=\frac{1}{n}\sum_{i=1}^{a}\sum_{j=1}^{b}T_{ij}^2-\frac{1}{bn}\sum_{i=1}^{a}T_i^2$$

随机误差效应产生的变差平方和由同一条件 A_iB_j 下的各单次测定值与该条件下多次重复测定平均值 $\overline{X}_{ij}$ 的变差平方和决定。

$$Q_E=\sum_{i=1}^{a}\sum_{j=1}^{b}\sum_{k=1}^{n}(X_{ijk}-\overline{X}_{ij})^2=\sum_{i=1}^{a}\sum_{j=1}^{b}\sum_{k=1}^{n}X_{ijk}^2-\frac{1}{n}\sum_{i=1}^{a}\sum_{j=1}^{b}T_{ij}^2$$

各项变差平方和之间的关系仍然服从变差平方和的加和性原理。

$$Q_T=Q_A+Q_B+Q_E$$

各项变差平方和的自由度，分别是：

$$f_T=abn-1$$

$$f_A=a-1$$

$$f_B = a(b-1)$$

$$f_E = ab(n-1)$$

两因素系统分组全面试验的方差分析如表 5.20 所示。

表 5.20 两因素系统分组全面试验方差分析表

方差来源	变差平方和	自由度	方差估计值	预期方差组成	F 值	F_α	显著性
一级分组因素 A 效应	Q_A	$a-1$	$\frac{Q_A}{a-1}$	$\sigma_E^2+n\sigma_B^2+bn\sigma_A^2$			
二级分组因素 B 效应	Q_B	$a(b-1)$	$\frac{Q_B}{a(b-1)}$	$\sigma_E^2+n\sigma_B^2$			
试验误差效应	Q_E	$ab(n-1)$	$\frac{Q_E}{ab(n-1)}$	σ_E^2			
总和	Q_T	$abn-1$					

由方差分析表中预期方差组成一栏可以看到，系统分组试验的方差 F 检验，与交叉分组试验也有所不同。在系统分组试验中，由二级分组因素 B 效应的方差估计值对试验误差效应方差估计值进行 F 检验，以决定二级分组因素 B 各水平之间的差异是否显著。如果二者之间无显著性差异，则求出合并方差。由一级分组因素 A 效应的方差估计值对二级分组因素B效应的方差估计值进行 F 检验，以决定一级分组因素 A 的各水平之间是否有显著性差异。当二级分组因素 B 的效应不显著时，则用一级分组因素 A 效应方差估计值对合并方差进行 F 检验，以决定一级分组因素 A 的效应是否显著。

【例 5.8】有 11 个实验室共同研究硫代硫酸钠标准溶液，每个实验室一星期内进行三次标定，每次标定时取三个平行样品，得到的结果如表 5.21 所示。试对测定结果进行评价。

解： 计算各项变差平方和：

$$Q_T = \sum_{i=1}^{a}\sum_{j=1}^{b}\sum_{k=1}^{n} X_{ijk}^2 - \frac{T^2}{abn} = 436.7$$

$$Q_A = \frac{1}{bn}\sum_{i=1}^{a} T_i^2 - \frac{T^2}{abn} = 170.7$$

$$Q_B = \frac{1}{n}\sum_{i=1}^{a}\sum_{j=1}^{b} T_{ij}^2 - \frac{1}{bn}\sum_{i=1}^{a} T_i^2 = 100.7$$

$$Q_E = \sum_{i=1}^{a}\sum_{j=1}^{b}\sum_{k=1}^{n} X_{ijk}^2 - \frac{1}{n}\sum_{i=1}^{a}\sum_{j=1}^{b} T_{ij}^2 = 165.3$$

计算各项变差平方和的自由度：

$$f_T = 11 \times 3 \times 3 - 1 = 98$$

$$f_A = 11 - 1 = 10$$

$$f_B = 11 \times (3-1) = 22$$

$$f_E = 11 \times 3 \times (3-1) = 66$$

将各项计算结果列成方差分析表（见表 5.22）。

方差分析表明，实验室内和实验室间的差异都是显著的。由预期方差组成可以分别计算出实验室间、实验室内、试验误差效应形成的方差及它们在总方差中所占的比例，实验室间方差为1.39，占30.3%；实验室内方差为0.69，占15.1%；试验误差效应形成的方差为2.50，占54.6%。

表5.21 硫代硫酸钠标准溶液测定数据表

实验室	测定时间	平行样品测定值 X_{ijk} ①			$\sum_{i=1}^{a} X_{ijk}$	$\sum_{j=1}^{b}\sum_{k=1}^{n} X_{ijk}$	$\sum_{i=1}^{a}\sum_{j=1}^{b}\sum_{k=1}^{n} X_{ijk}$
	1	1	0	1	2		
1	2	−1	−1	−2	−4	−6	
	3	−1	−4	1	−4		
	1	−3	1	−4	−6		
2	2	2	2	−1	+3	−3	−5
	3	1	−1	0	0		
	1	−1	3	1	3		
3	2	1	1	1	3	8	−5
	3	1	1	0	2		
	1	0	0	1	1		
4	2	0	0	0	0	1	−5
	3	0	0	0	0		
	1	−1	−1	−1	−3		
5	2	−1	−1	−2	−4	−6	−5
	3	0	0	1	1		
	1	3	1	0	4		
6	2	−2	−1	−3	−6	−6	−5
	3	−1	−2	−1	−4		
	1	1	1	−3	−1		
7	2	−1	3	2	4	1	
	3	−1	−1	0	−2		
	1	−6	−6	−1	−13		
8	2	0	−3	−1	−4	−22	
	3	−5	0	0	−5		
	1	2	1	1	4		
9	2	0	2	2	4	14	
	3	3	1	2	6		
	1	5	5	5	15		
10	2	1	1	3	5	24	
	3	3	0	1	4		
	1	2	−3	−3	−4		
11	2	−1	−1	−4	−6	−10	
	3	3	−3	0	0		

①表中数值是经过简化的值，表中值=(测定值−10.1240)×10^4(mol/L)。

表 5.22 计算结果方差分析表

方差来源	变差 平方和	自由度	方差估计值	预期方差组成	F 值	$F_{0.05}$	显著性
实验室间	170.7	10	17.07	$\sigma_E^2+3\sigma_B^2+9\sigma_A^2$	3.72	2.30	* *
实验室内	100.7	22	4.58	$\sigma_E^2+3\sigma_B^2$	1.83	1.70	*
试验误差	165.3	66	2.50	σ_E^2			
总和	436.7	98					

第 6 章 回归分析

两个变量 X 与 Y 之间的关系，可能有三种情况。第一种情况，两者之间存在着严格的函数关系，因变量 Y 随自变量 X 按照确定的规律变化。由一个 X_i 值，就可以准确地求得一个 Y_i 值。第二种情况，两者之间不存在任何依赖关系，X_i 变化时，Y 不发生任何有规律的变化。第三种情况，当自变量 X 变化时，因变量 Y 大体上按照某种规律变化，允许有例外，不能由 X_i 值精确地求出 Y_i 值，这种关系称为相关关系。相关关系是一种统计关系，在分析测试中，经常遇到处理两个变量之间的相关关系问题。例如，在建立校正曲线时，需要了解被测组分浓度与响应值(吸光度、谱线强度和滴定体积等)之间的关系；在选择和确定最佳实验条件时，需要知道实验结果随实验条件变化的情况，等等。由于分析测试工作并非一个简单的过程，影响测量结果的因素很多，再加上试验误差的影响，使得测量结果与影响它的因素之间的关系往往受到干扰，它们之间的关系不能凭直观就看出来，而必须借助于科学的方法。

回归分析是处理变量之间相关关系的数学工具。它可以帮助人们确定实验结果和实验条件之间是否存在相关关系与存在怎样的相关关系，也可以根据实验条件的变化和要求去预测实验结果，估计预测的精度，还可以进行因素分析。

在分析测试中，经常遇到实验点围绕按相关关系画出的回归线是直线问题，因此，下面主要讨论一元线性回归问题。

6.1 一元线性回归方程的确定

一元线性回归是研究随机变量 Y 和普通变量 X 的关系。在分析测试中，通常把能够精确测量或严格控制的(其测量误差同另一个变量相比可以忽略不计) 普通变量作为自变量，把反映某种特性和包含有测量误差的随机变量作为因变量，它的测量值是统计涨落的。例如，比色法、原子吸收光度法和原子发射光谱法建立标准曲线时，组分浓度 c

是可以精确控制的。因此，c 或 $\lg c$ 是普通变量，而吸光度 A 和谱线强度 I 的测定值是统计涨落的，是随机变量。

一元线性回归方程的一般形式为：

$$Y = a + bX \tag{6.1}$$

当 X 值为 X_1，X_2，…，X_n 时，其相应的实验测定值分别为 y_1，y_2，…，y_n，按回归方程式(6.1)计算的值为 Y_1，Y_2，…，Y_n。由于实验过程中存在测量误差，Y 与 X 的函数关系常常以相关关系表现出来。因此，实验点 (X_1, y_1)，(X_2, y_2)，…，(X_n, y_n) 并不都落在按式(6.1)确定的回归线上。任一实验点 (X_i, y_i) 偏离回归直线的程度可用下式来表征：

$$[y_i - (a + bX_i)]^2$$

而 n 个实验点与回归直线的密合程度可用下式来定量描述。

$$Q_E = \sum_{i=1}^{n} [y_i - (a + bX_i)]^2 \tag{6.2}$$

Q_E 是随不同的直线而变化的，即随不同的 a 和 b 而变化。根据最小二乘法原理，最佳回归线应是各测定值 y_i 与相对应的落在回归线上的 Y_i 之差的平方和 Q_E 为最小，也就是选择合适的 a 和 b 值，使 Q_E 达到最小。根据数学分析中求极值的原理，将式(6.2)对 a、b 求偏微分并使之为 0，即：

$$\frac{Q_E}{a} = -2\sum_{i=1}^{n}(y_i - a - bX_i) = 0 \tag{6.3}$$

$$\frac{Q_E}{b} = -2\sum_{i=1}^{n}(y_i - a - bX_i)X_i = 0 \tag{6.4}$$

由式(6.3)求得：

$$na = \sum_{i=1}^{n} y_i - b\sum_{i=1}^{n} X_i, \quad a = \bar{y} - b\bar{X} \tag{6.5}$$

其中，$\bar{X} = \frac{1}{n}\sum_{i=1}^{n} X_i$，$\bar{y} = \frac{1}{n}\sum_{i=1}^{n} y_i$

由式(6.4)可以得到：

$$\sum_{i=1}^{n} X_i y_i - a\sum_{i=1}^{n} X_i - b\sum_{i=1}^{n} X_i^2 = 0 \tag{6.6}$$

将式(6.5)中 a 值代入式(6.6)，便可求得：

$$b = \frac{\sum_{i=1}^{n} X_i y_i - \frac{1}{n}(\sum_{i=1}^{n} X_i)(\sum_{i=1}^{n} y_i)}{\sum_{i=1}^{n} X_i^2 - \frac{1}{n}(\sum_{i=1}^{n} X_i)^2} = \frac{\sum_{i=1}^{n}(X_i - \bar{X})(y_i - \bar{y})}{\sum_{i=1}^{n}(X_i - \bar{X})^2} \tag{6.7}$$

根据差方和关系式，若令：

$$L_{XX} = \sum(X_i - X)^2 = \sum X_i^2 - \frac{1}{n}(\sum X_i)^2$$

$$L_{yy} = \sum(y_i - \bar{y})^2 = \sum y_i^2 - \frac{1}{n}(\sum y_i)^2$$

$$L_{Xy}=\sum(X_i-\overline{X})(y_i-\overline{Y})=\sum X_iy_i-\frac{1}{n}(\sum X_i)(\sum Y_i)$$

则：

$$b=\frac{L_{Xy}}{L_{XX}} \tag{6.8}$$

求得 a、b 值以后，即可确定反映实验点真实分布状况的一元线性回归方程和回归直线，b 称为回归系数。

当 $X=\overline{X}$ 时，代入式(6.1)，则：

$$Y=a+b\overline{X}=\overline{y}-b\overline{X}+b\overline{X}=\overline{y}$$

回归线一定通过($\overline{X}$,$\overline{y}$) 点，因此过点(0,a) 和($\overline{X}$,$\overline{y}$) 的直线就是回归线。

【例 6.1】用次甲基蓝-二氯乙烷萃取比色法测硼时，测得的工作曲线数据如表 6.1 所示。求该工作曲线的回归方程和回归线。

表 6.1 吸光度数据

浓度/ (μg/60mL)	0.5	1.0	2.0	3.0	4.0	5.0
吸光度 A	0.14	0.16	0.28	0.38	0.41	0.54

解：将计算数据列成表，如表 6.2 所示。

表 6.2 计算数据

编号	X	y	X^2	y^2	Xy
1	0.5	0.14	0.25	0.0196	0.07
2	1.0	0.16	1.00	0.0256	0.16
3	2.0	0.28	4.00	0.0784	0.56
4	3.0	0.38	9.00	0.1444	1.14
5	4.0	0.41	16.00	0.1681	1.64
6	5.0	0.54	25.00	0.2916	2.70
总和	15.5	1.91	55.25	0.7277	6.27

$$L_{XX}=\sum X^2-\frac{1}{n}(\sum X)^2=15.21$$

$$L_{yy}=\sum y-\frac{1}{n}(\sum y)^2=0.1197$$

$$L_{Xy}=\sum Xy-\frac{1}{n}(\sum X)(\sum y)=1.336$$

$$b=\frac{L_{Xy}}{L_{XX}}=\frac{1.336}{15.21}=0.0878$$

$$a=\overline{y}-b\overline{X}=\frac{1.91}{6}-0.0878\times\frac{15.5}{6}=0.0915$$

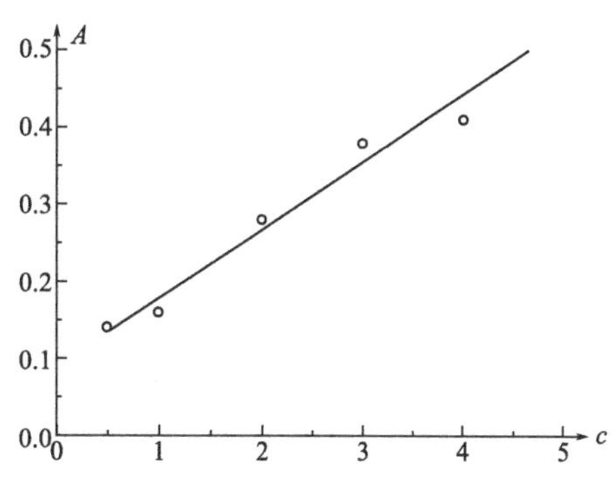

图 6.1 萃取比色法测硼的回归线

回归方程为：$Y=0.0915+0.0878X$。画图时，过点(0,0.0915) 和(2.58,0.318) 画一条直线，即为所求回归线(见图 6.1)。

6.2 回归方程的检验

上一节已经讨论了回归方程的建立和回归线的画法，但这种回归关系并不是严格的函数关系，而只是统计性的关系，所求得的回归方程和画成的直线是否有实际意义，在数学上提供了一些检验方法。本节将讨论相关系数检验法和 F 检验法。

6.2.1 相关系数和相关系数的显著性检验

由图 6.2 可以看到，测定值相对于平均值的变差，可以分解为两部分：一部分是由于 y 随 X 变化而引起；另一部分是由于随机误差的影响。

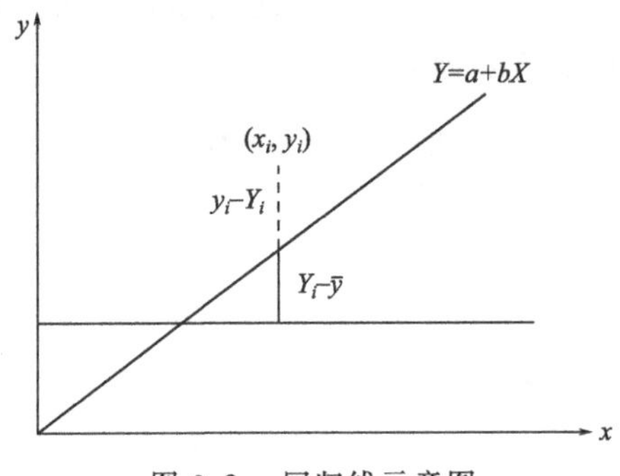

图 6.2　回归线示意图

y 的变差大小可用变差平方和 Q_T 来表征。n 个实验点的总变差平方和为：

$$
\begin{aligned}
Q_T &= \sum_{i=1}^{n}(y_i-\bar{y})^2 = \sum_{i=1}^{n}[(y_i-Y_i)+(Y_i-\bar{y})]^2 \\
&= \sum_{i=1}^{n}(y_i-Y_i)^2 + \sum_{i=1}^{n}(Y_i-\bar{y})^2 + 2\sum_{i=1}^{n}(y_i-Y_i)(Y_i-\bar{y}) \\
&= \sum_{i=1}^{n}(y_i-Y_i)^2 + \sum_{i=1}^{n}(Y_i-\bar{y})^2 \qquad (6.9)
\end{aligned}
$$

因为

$$
\begin{aligned}
\sum(y_i-Y_i)(Y_i-\bar{y}) &= \sum[y_i-(a+bX_i)][(a+bX_i)-\bar{y}] \\
&= \sum[(y_i-\bar{y})-b(X_i-\bar{X})][b(X_i-\bar{X})] \\
&= b\sum[(y_i-\bar{y})(X_i-\bar{X})-b(X_i-\bar{X})^2] \\
&= b\sum[(y_i-\bar{y})(X_i-\bar{X})-(y_i-\bar{y})(X_i-\bar{X})]=0
\end{aligned}
$$

式(6.9)右边第一项是每个实验点相对于按回归方程计算值的变差平方和，称为剩余平方和，以 Q_E 表示$[Q_E=\sum_{i=1}^{n}(y_i-Y_i)^2]$，这是由于除 X 之外的其他因素与 X 对 y 的非线性影响而产生的(其中包括 X 对 y 的非线性影响和试验误差)。右边第二项是按回归方程计算的值与平均值的离差平方和，反映了在 y 的总变差平方和中由于 X 与 y 的线性关系而引起 y 变化的部分，通过 X 对 y 的线性影响反映出来，故称回归平方和，记为

Q_u[$Q_u=\sum_{i=1}^{n}(Y_i-\bar{y})^2$]。这两项变差平方和的自由度分别为 $f_E=n-2$，$f_u=1$，其中 n 为 X 变化的水平数。同样存在 $Q_T=Q_E+Q_u$。

如果 $Q_E=0$，所有实验点都落在回归线上，总变差平方和反映了 X 对 y 线性的影响。而当 $Q_u=0$ 时，$Y_i=\bar{y}$，则 y 与 X 之间不存在任何依靠关系，回归线是高度等于 $\bar{y}$ 的平行于 X 轴的直线，则 $b=0$。因为：

$$\sum(Y_i-\bar{y})^2=\sum[(a+bX_i)-(a+b\bar{X})]^2=\sum b^2(X_i-\bar{X})^2 \tag{6.10}$$

将式(6.10) 代入式(6.9)，得到：

$$\sum(y_i-Y_i)^2=\sum(y_i-\bar{y})^2-b^2\sum(X_i-\bar{X})^2$$

$$\frac{\sum(y_i-Y_i)^2}{\sum(y_i-\bar{y})^2}=1-b^2\frac{\sum(X_i-\bar{X})^2}{\sum(y_i-\bar{y})^2} \tag{6.11}$$

$$\gamma^2=b^2\frac{\sum(X_i-\bar{X})^2}{\sum(y_i-\bar{y})^2}=1-\frac{\sum(y_i-Y_i)^2}{\sum(y_i-\bar{y})^2} \tag{6.12}$$

由式(6.12) 知道，当 y 与 X 之间存在严格的函数关系时，所有实验点均落在回归线上，则有 $y_i=Y_i$，$\gamma^2=1$，$b=\frac{\sum(y_i-\bar{y})^2}{\sum(X_i-\bar{X})^2}$；当 y 与 X 之间没有任何依赖关系时，回归线是高度等于 $\bar{y}$ 的平行于 X 轴的直线，则有 $Y_i=\bar{y}$，$\gamma^2=0$，$b=0$；当 y 与 X 之间存在相关关系时，则 γ 值在 0 与 1 之间。由此可见，γ 是表示 y 与 X 相关程度的一个系数，称为相关系数，它的符号取决于回归系数 b 的符号。若 $\gamma>0$ 则称 X 与 y 正相关，这时，当 X 增加时，y 呈现出增大的趋势；若 $\gamma<0$，则称 X 与 y 负相关，这时，当 X 增大时，y 呈现出减小的趋势。相关系数 γ 的意义如图 6.3 所示。

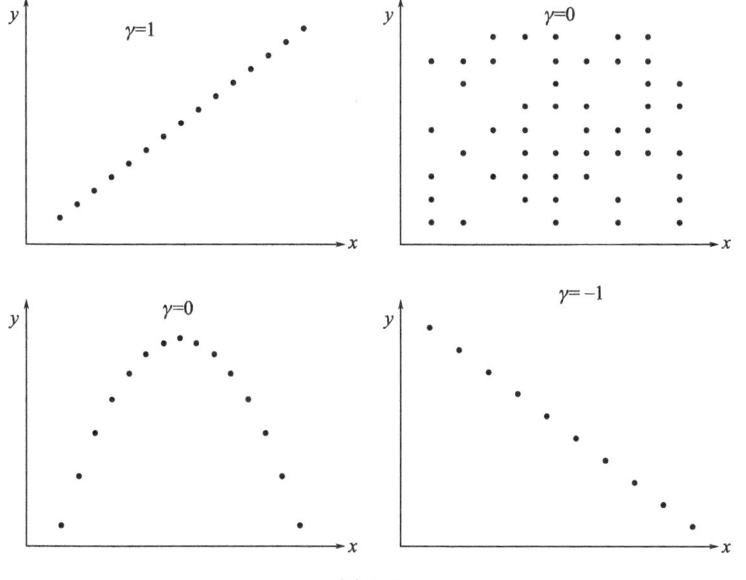

图 6.3

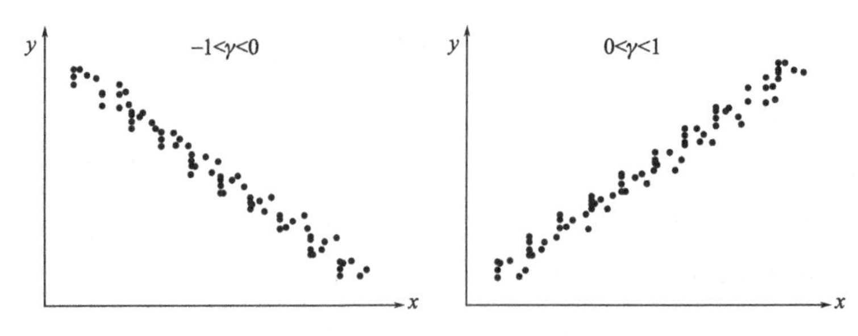

图 6.3　相关系数 γ 的意义

在实际问题中，$|\gamma|$ 究竟接近到什么程度，才能认为 X 与 y 是相关的呢？γ 值出现的概率遵从统计学分布规律，数学家已编出了相关系数的临界值表(见附表 7)。应用时，当由样本值计算的相关系数 γ 值，大于相关系数临界值表中给定显著性水平 α 和相应自由度 $f=n-2$ 下的临界值 $\gamma_{(\alpha,f)}$，则表示 y 与 X 之间是显著相关的，即两者之间存在线性相关关系。

相关系数的显著性检验具体步骤如下：

① 按照下式由样本值计算相关系数 γ：

$$\gamma=b\sqrt{\frac{\sum_{i=1}^{n}(X_i-\overline{X})^2}{\sum_{i=1}^{n}(y_i-\overline{y})^2}}=\frac{\sum_{i=1}^{n}(X_i-\overline{X})(y_i-\overline{y})}{\sqrt{\sum_{i=1}^{n}(X_i-\overline{X})^2\sum_{i=1}^{n}(y_i-\overline{y})^2}} \tag{6.13}$$

② 给定显著性水平 α，按自由度 $f=n-2$，在相关系数临界值表中查出临界值 $\gamma_{(\alpha,f)}$。

③ 比较 $|\gamma|$ 与 $\gamma_{(\alpha,f)}$ 的大小。若 $|\gamma|\geqslant\gamma_{(\alpha,f)}$，则认为 X 与 y 之间存在线性相关关系；若 $|\gamma|<\gamma_{(\alpha,f)}$，则认为 X 与 y 之间不存在线性相关关系。

6.2.2　回归方程的 F 检验

y 与 X 的相关关系是否显著，除上述利用相关系数进行检验外，也可以利用剩余方差对回归方差作 F 检验。

由式(6.9) 得：

$$Q_T=Q_u+Q_E$$

如果确定的回归方程没有意义，即 y 不随 X 而变化，X 与 y 之间不存在相关关系，总变差平方和 Q_T 基本上由 Q_E 决定。在有限次测定中，Q_u 和 Q_E 都是随机误差的反映，$F=\dfrac{Q_u/f_u}{Q_E/f_E}=1$；反之，如果 X 与 y 之间确实存在相关关系，除试验误差外，显然还存在 y 随 X 变化而引起的变差，Q_u/f_u 显著地大于 Q_E/f_E，$F=\dfrac{Q_u/f_u}{Q_E/f_E}$ 显著地大于 1，因此，$F=\dfrac{Q_u/f_u}{Q_E/f_E}$ 可以作为检验回归方程是否有意义的统计量。如果选定显著性水

平 α 作为判断标准，当 $F > F_{(\alpha, f_u, f_E)}$，则认为 Q_u/f_u 与 Q_E/f_E 同为试验误差效应方差估计值的概率小于 α，换言之，则在置信度 $P(1-\alpha)$ 断言，Q_E/f_E 是显著地区别于 Q_u/f_u，即除试验误差之外，确实还存在回归变差平方和，y 与 X 之间确实存在相关关系，所建立的回归方程与回归线是有意义的。检验回归方程同样也可以列成方差分析表（见表 6.3）。

表 6.3　检验回归方程的方差分析表

方差来源	变差平方和	自由度	方差估计算	F 值	$F_{(\alpha, f_u, f_E)}$	显著性
回归	$Q_u = \sum_{i=1}^{n}(Y_i - \bar{y})^2$	1	Q_u/f_u	$\frac{Q_u/f_u}{Q_E/f_E}$		
试验误差	$Q_E = \sum_{i=1}^{n}(y_i - Y_i)^2$	$n-2$	Q_E/f_E			
总和	$Q_T = \sum_{i=1}^{n}(y_i - \bar{y})^2$	$n-1$				

【例 6.2】计算例 6.1 的相关系数 γ 值，并检验回归方程是否有意义。

解：根据例 6.1 的回归分析计算所得数据，计算相关系数 γ：

$$\gamma = \frac{L_{Xy}}{\sqrt{L_{XX}L_{yy}}} = \frac{1.336}{\sqrt{15.21 \times 0.1197}} = 0.990$$

查相关系数临界值表，$\gamma_{(0.05, 6-2)} = 0.811$。$\gamma > \gamma_{(0.05, 4)}$，说明所确立的回归方程是有意义的。

再用 F 检验法来检验回归方程是否有意义。

由式(6.10) 得回归平方和：

$$Q_u = b^2 \sum (X_i - \bar{X})^2 = b^2 L_{XX} = 0.0878^2 \times 15.21 = 0.1173$$

又因总变差平方和：

$$Q_T = \sum_{i=1}^{n}(y_i - \bar{y})^2 = L_{yy}$$

所以剩余平方和为 $Q_E = Q_T - Q_u = L_{yy} - b^2 L_{XX} = 0.1197 - 0.1173 = 0.0024$

计算 F 的统计量：$F = \dfrac{Q_u/f_u}{Q_E/f_E} = \dfrac{0.1173/1}{0.0024/4} = 195.5$

查 F 分布表，$F_{(0.05,1,4)} = 7.71$，$F > F_{(0.05,1,4)}$，说明吸光度和硼的浓度的相关关系是高度显著的，即所确定的回归方程是有意义的。和上述相关系数检验法所得结论是一致的。

6.3　回归线的精密度与置信区间

回归线的精密度是指试验点围绕回归直线的离散程度。这种离散性是由除 X 对 y 的线性影响以外的一切其他因素(包括 X 对 y 的非线性影响与试验误差）引起的，它可用式(6.2)所示的剩余变差平方和或剩余标准差 S_E 来表征。回归直线和回归方程的精密度不等于整个回归直线的回归方程的准确度，回归直线和回归方程的准确度是指任何给定一个 X 值，从所确定的回归直线和回归方程求出的相应 Y 值同真值之间的差距。

由于 X 与 Y 之间只是相关关系，因此各实验点的真值并不都落在回归直线上，各实验点真值围绕回归线也有一定的离散。也就是说即使除 X 以外其他条件基本不变，由不同样本的测定值得到的回归方程和回归直线的回归系数 b 和常数项 a 也是有波动的。b 和 a 值波动越小，表示回归直线和回归方程的稳定性越好。b 和 a 值波动大小的程度可分别用它们的标准差 S_b 和 S_a 来量度。

$$S_b = \frac{S_E}{\sqrt{\sum_{i=1}^{n}(X_i - \overline{X})^2}} \tag{6.14}$$

$$S_a = S_E \sqrt{\frac{1}{n} + y \frac{\overline{X}^2}{\sum_{i=1}^{n}(X_i - \overline{X})^2}} \tag{6.15}$$

测定的系统误差在回归分析中并不影响 X 和 y 之间关系的基本规律，而只影响常数项 a 值的大小。

在不考虑回归方程和回归直线本身稳定性的影响时，回归方程和回归直线的精密度仅由剩余标准差 S_E 来决定。

$$S_E = \sqrt{\frac{Q_E}{cn-2}} = \sqrt{\frac{\sum_{i=1}^{n}\sum_{j}^{c}(y_{ij} - Y_i)}{cn-2}}$$

$$= \sqrt{\frac{\sum_{i=1}^{n}\sum_{j}^{c}(y_{ij} - y_i) - cb^2\sum_{i=1}^{n}(X_i - \overline{X})^2}{cn-2}} \tag{6.16}$$

当无重复测定时，$c=1$，式(6.16)简化为：

$$S_E = \sqrt{\frac{\sum_{i=1}^{n}(y_i - \overline{y})^2 - b^2\sum_{i=1}^{n}(X_i - \overline{X})^2}{n-2}} \tag{6.17}$$

式(6.17)可用来表征所有随机因素对 y 的单次测定值的平均变差的大小。对于给定的 X 值，y 值落在以按回归方程计算的 Y 值为中心的 $\pm 2S_E$ 区间的概率为95.4%，即在全部测定值中，大约有95%的实验点落在如下两条直线：

$$Y_1 = a - 2S_E + bX$$

$$Y_2 = a + 2S_E + bX \tag{6.18}$$

所夹的区间内。这个区间称为回归直线的(置信度为95.4%)置信区间(见图6.4)。同样也可以求得回归线在其他给定置信度下的置信区间。例如置信度为99.7%的置信区间为：

$$Y_1 = a - 3S_E + bX$$

$$Y_2 = a + 3S_E + bX \tag{6.19}$$

很显然，S_E 越小，当给定一个 X 值，由回归方程和回归线预测的 Y 值就越精确。

严格地说，应该考虑回归方程和回归直线本身的稳定性的影响。在这种情况下，整个回归方程和回归直线的精密度，将由实验点真值围绕方程或回归直线的离散与实验点测定值围绕回归方程和回归直线的离散两者共同决定。

考虑到回归方程的稳定性，回归值本身也有波动，其波动大小也可用一个相应的标准差来表征。对于给定的一个值($X = X_0$)，由确定的回归方程求得的 y_0 值的精密度可用标准差来表示：

$$S_{y_0} = S_E \sqrt{\frac{1}{n} + \frac{(X - \overline{X})^2}{\sum_{i=1}^{n}(X_i - \overline{X})^2}} \tag{6.20}$$

如果既考虑到剩余标准差，又考虑到回归方程与回归直线本身稳定性的影响，对于一个给定的 X 值，y 的取值虽然仍按回归方程计算的 Y 值为中心，但是，其波动程度的标准差比仅考虑剩余标准差 S_E 的影响要大些，它由下式计算：

$$S_y = S_E \sqrt{1 + \frac{1}{n} + \frac{(X - \overline{X})^2}{\sum_{i=1}^{n}(X_i - \overline{X})^2}} \tag{6.21}$$

由式(6.21) 知道，当根据回归方程由 X 值预测 y 值时，其精密度与 X 值取值有关，X 值越靠近平均值 $\overline{X}$，精密度越好；离平均值 $\overline{X}$ 越远，精密度越差。对于给定的置信度 $P = (1 - \alpha) \times 100\%$，相应的置信限应为 $S_y t_{(\alpha, n-2)}$，式中 $t_{(\alpha, n-2)}$ 由 t 分布表查得。在这种情况下，回归直线的置信区间的特点是，仍以回归值为中心，置信上限和置信下限的曲线呈喇叭形对称地落在回归直线的两侧(见图 6.5)。当 n 足够大时，且 $X = \overline{X}$ 时，置信区间为：

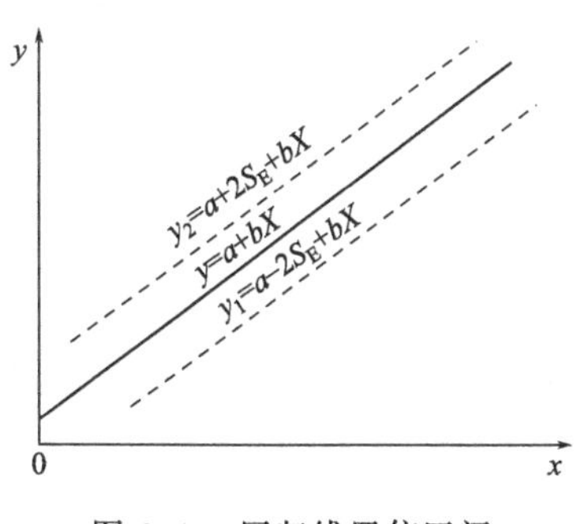

图 6.4　回归线置信区间

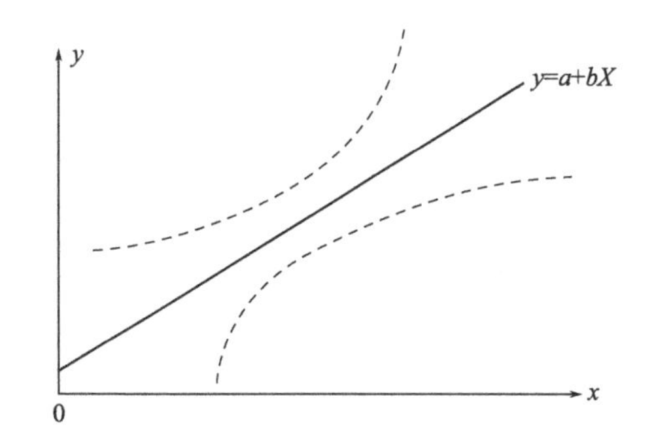

图 6.5　回归直线置信区间

$$Y_1 = a - S_y t_{(\alpha,\ n-2)} + bX$$
$$Y_2 = a + S_y t_{(\alpha,\ n-2)} + bX \tag{6.22}$$

与式(6.18) 和式(6.19) 表示的置信区间相比，两个置信区间的宽度是相近的。

【例 6.3】用例 6.1 的数据，根据已确定的回归方程，由硼含量 $X = 2.58\mu g/60mL$ 来预测吸光度 A，并估计预测值 A 的置信区间($\alpha = 0.05$)。

解： 当 $X=2.58$ 时，根据回归方程：

$$A=0.0915+0.0878X$$

预测吸光度值 $A=0.318$，不考虑回归方程本身稳定性时，预测吸光度值 A 的置信区间。

$$S_E=\sqrt{\frac{Q_E}{n-2}}=\sqrt{\frac{L_{yy}-b^2L_{XX}}{n-2}}=0.024$$

按式(6.18)预测置信区间的置信限 $2S_E=0.048$，则置信区间为 0.318 ± 0.048，即 $(0.270\sim0.366)$。这意思是说，以 0.318 作为硼含量 2.58μg/60mL 的吸光度的估计值时，有 95% 把握断定，其误差绝对值不会超过 0.048。

当考虑回归方程本身的稳定性时，可按式(6.22)来估计预测值的置信区间。按式(6.21)计算预测值标准差为：

$$S_y=S_E\sqrt{1+\frac{1}{n}+\frac{(X-\overline{X})^2}{\sum_{i=1}^{n}(X_i-\overline{X})^2}}=0.024\times\sqrt{1+\frac{1}{6}+\frac{(258-258)^2}{15.21}}=0.0259$$

查 t 分布表，$t_{(0.05,4)}=2.78$，则置信限为：

$$\pm S_y t_{(0.05,4)}=\pm0.0259\times2.78=\pm0.072$$

置信区间为 $(0.246\sim0.390)$。

可以看出，用式(6.22)来预测吸光度时，其置信区间比用式(6.18)来预测吸光度时的置信区间要宽。在分析测试中，通常只进行少数几次试验，n 不是很大，用式(6.22)来确定回归值的置信区间比用式(6.18)来确定回归值的置信区间更合理些。

由式(6.22)和图6.5可以看到，标准差 S_y 的大小，不仅与剩余标准差 S_E 有关，而且还依赖于 X 的取值范围。如果测定数据是从较大的 X 范围内取得，则 S_y 值较小。S_y 值也随实验点的数目 n 增加而减小。S_y 越小，由回归方程预测 y 的值就越精确。因此，要想使由回归方程预测 y 的值很精确。应该提高测定的精密度，增加实验点的数目和尽可能扩大 X 的取值范围。由于回归线两端的测定精密度较差，在回归线两端的实验点应多进行几次重复测定。X 值越接近于平均值 $\overline{X}$，预测 y 值越精确，因此，要使经常预测的值位于回归直线的中央部分。

应当指出：回归方程一般只适用于原来的试验范围，不能随意地把范围扩大，不能将确定的回归直线随意外延。如果需要扩大应用范围，务必要有进一步的试验数据为依据。

在实际工作中，常遇到两变量不是线性关系的情况，比如用感光板记录的发射光谱谱线黑度与组分含量之间的关系，就不是线性关系。如果通过数学变换，使一些非线性关系变为线性关系，则可使数据的处理与回归分析变得简便得多。

(1) 对数关系

$$y=a+b\lg X \tag{6.23}$$

若令 $\lg X=X'$

则式(6.23)就变成式(6.24)所示的线性方程：

$$y = a + bX' \tag{6.24}$$

(2) 指数关系

$$y = a e^{bx} \tag{6.25}$$

若令 $\ln y = Y$，$\ln a = A$

则式(6.25)变成式(6.26)所示的线性方程：

$$Y = A + bX \tag{6.26}$$

(3) 幂函数的关系

$$y = aX^b \tag{6.27}$$

若令 $Y = \lg y$，$X' = \lg X$，$A = \lg a$

则式(6.27)变为式(6.28)所示的线性方程：

$$Y = A + bX' \tag{6.28}$$

6.4 两条回归直线的比较

回归直线的比较，是分析测试中经常遇到的重要问题之一。例如，用标准曲线法进行测定时，需要定期地对标准曲线的变动与否进行检验；在建立校正曲线时，研究其他因素对它的影响；用控制试样法测定时，检验校正曲线的平移；当被测组分浓度范围较宽时，响应值随组分浓度的变化是否可用一条共同的回归线或一个共同的回归方程来表示，还是该用两条回归线或两个回归方程来表征组分浓度和响应值之间的关系；不同分析人员即使用相同的方法分析相同的标准系列，所得到的回归直线也并不重合，或者斜率不同，或者截距不同，或者斜率和截距都不相同，诸此等等，都是回归线的比较问题。所谓回归直线的比较，就是检验回归直线两个参数斜率 b 和常数项 a(即截距)是否发生了显著的变化。从统计检验的角度看，就是检验原假设 H_0：$b_1 = b_2$ 或 $a_1 = a_2$。

假定从两批测试数据分别得到了两条回归直线：

$$Y_1 = a_1 + b_1 X \text{ 和 } Y_2 = a_2 + b_2 X$$

现在要检验这两条回归直线之间在统计上是否有显著性差异。如果两者之间无显著性差异，事实上，可以合理地将两条回归直线当作同一条回归直线来对待，即可用一条共同的回归直线来表示这两批测试数据中两个变量之间的关系。

检验两条回归直线是否一致的具体步骤如下：

(1) 检验 S_1^2 和 S_2^2 两方差之间有无显著性差异

首先用 F 检验法检验两条回归直线的残余方差 S_1^2 和 S_2^2，如果 S_1^2 和 S_2^2 没有显著性差异时，计算它们的合并方差作为一个共同的残余方差：

$$\bar{S}^2 = \frac{(n_1 - 2)S_1^2 + (n_2 - 2)S_2^2}{n_1 + n_2 - 4} \tag{6.29}$$

式中，n_1、n_2 分别为回归线 1 和回归线 2 的实验点数目。同时求得 b_1 与 b_2 之差值的方差：

$$S^2_{(b_1-b_2)}=\overline{S}^2\left[\frac{1}{(L_{XX})_1}+\frac{1}{(L_{XX})_2}\right] \tag{6.30}$$

如果 S_1^2 与 S_2^2 之间有显著性差异时，b_1 与 b_2 之差值的方差，则用下式表示：

$$S'^2_{(b_1-b_2)}=\frac{S_1^2}{(L_{XX})_1}+\frac{S_2^2}{(L_{XX})_2} \tag{6.31}$$

(2) 检验 b_1 与 b_2 两斜率之间有无显著性差异

要进行 b_1 与 b_2 之间有无显著性差异的检验时，在 S_1^2 与 S_2^2 无显著性差异的情况下，使用检验统计量：

$$t=\frac{|b_1-b_2|}{S_{(b_1-b_2)}} \tag{6.32}$$

自由度为 $f=n_1+n_2-4$。在 S_1^2 与 S_2^2 有显著性差异时，使用检验统计量：

$$t=\frac{|b_1-b_2|}{S'_{(b_1-b_2)}} \tag{6.33}$$

自由度 f 按下式计算：

$$\frac{1}{f}=\frac{c^2}{f_1}+\frac{1-c^2}{f_2} \tag{6.34}$$

其中：

$$c=\frac{S_1^2/(L_{XX})_1}{S_1^2/(L_{XX})_1+S_2^2/(L_{XX})_2} \tag{6.35}$$

$$f_1=n_1-2，f_2=n_2-2$$

当计算的 t 值大于 t 分布表中给定显著性水平 α 和相应自应度 f 下的临界值 $t_{(\alpha,f)}$ 时，则认为 b_1 与 b_2 之间有显著性差异，说明两条回归直线中 X 对 y 的影响规律是有显著差别的，应该分别采用不同的公式表示，不宜用一个统一的回归方程式去硬套。若 $t<t_{(\alpha,f)}$，则说明两条回归直线的斜率 b_1 与 b_2 是一致的。在这种情况下，可用加权的方法求出共同的 $\bar{b}$ 值：

$$\bar{b}=\frac{b_1(L_{XX})_1/S_1^2+b_2(L_{XX})_2/S_2^2}{(L_{XX})_1/S_1^2+(L_{XX})_2/S_2^2} \tag{6.36}$$

b_1 与 b_2 之间无显著性差异，说明两条回归直线是相互平行的，但未必是重合的。为了证明两条回归直线是否重合，还必须检验两条回归直线的截距 a_1 与 a_2 之间有无显著性差异。

为了检验 a_1 与 a_2 两截距之间是否有显著性差异，先求出 a_1 与 a_2 之差值的方差。当 S_1^2 和 S_2^2 不存在显著性差异时，a_1 与 a_2 之差的方差由下式计算：

$$S^2_{(a_1-a_2)}=\overline{S}^2\left[\frac{1}{n_1}+\frac{\overline{X}_1^2}{(L_{XX})_1+(L_{XX})_2}+\frac{1}{n_2}+\frac{\overline{X}_2^2}{(L_{XX})_1+(L_{XX})_2}\right] \tag{6.37}$$

检验 a_1 与 a_2 之间有无显著性差异，使用检验统计量：

$$t=\frac{|a_1-a_2|}{S_{(a_1-a_2)}} \tag{6.38}$$

$f=n_1+n_2-4$，查t分布表，若t值小于给定显著性水平α和相应自由度f下的临界值$t_{(\alpha,f)}$，表明a_1与a_2之间没有显著性差异。在这种情况下，可将a_1与a_2用加权方法计算出一个共同的$\bar{a}$值：

$$\bar{a}=\frac{n_1\bar{y}_1+n_2\bar{y}_2}{n_1+n_2}-\bar{b}\frac{n_1\bar{X}_1+n_2\bar{X}_2}{n_1+n_2} \tag{6.39}$$

当S_1^2和S_2^2之间有显著性差异时，a_1与a_2之间有无显著性差异的检验比较复杂。当用式(6.33)检验后，表明b_1与b_2是一致的，可以想象得到，若两条回归直线是重合的，应有$a_1=a_2$。根据式(6.5)，则：

$$y_1-b_1\bar{X}_1=y_2-b_2\bar{X}_2$$

$$\acute{b}=\frac{\bar{y}_1-\bar{y}_2}{\bar{X}_1-\bar{X}_2} \tag{6.40}$$

根据误差传递规则，$\acute{b}$的方差为：

$$S_{\acute{b}}^2=\frac{1}{(\bar{X}_1-\bar{X}_2)^2}\left(\frac{S_1^2}{n_1}+\frac{S_2^2}{n_2}\right) \tag{6.41}$$

只有当两条回归直线平行时，斜率b_1与b_2的加权平均值$\bar{b}$由式(6.36)决定，$\bar{b}$的方差可根据式(2.17)和误差传递公式求得：

$$S_{\bar{b}}^2=\frac{1}{(L_{XX})_1/S_1^2+(L_{XX})_2/S_2^2} \tag{6.42}$$

因为$\acute{b}$是两条回归直线重合时的共同斜率，$\bar{b}$是两条回归直线平行时的共同斜率，如果统计检验$\bar{b}$与$\acute{b}$之间的差异是不显著的，也就表明a_1与a_2之间的差异是不显著的。换言之，检验a_1与a_2之间是否有显著性差异，只要检验$\bar{b}$与$\acute{b}$之间是否有显著性差异就行了。

$\acute{b}$与$\bar{b}$之差值的方差，可由式(6.41)与式(6.42)求得：

$$S_{(\acute{b}-\bar{b})}^2=\frac{1}{(\bar{X}_1-\bar{X}_2)^2}\left(\frac{S_1^2}{n_1}+\frac{S_2^2}{n_2}\right)+\frac{1}{(L_{XX})_1/S_1^2+(L_{XX})_2/S_2^2} \tag{6.43}$$

由于在估计$(\acute{b}-\bar{b})$时，确定自由度有困难，因此，当自由度f_1与f_2大于10时，可用式(6.44)所示的检验统计量来检验$\acute{b}$与$\bar{b}$之间是否有显著性差异。

$$u=\frac{\acute{b}-\bar{b}}{\sigma_{(\acute{b}-\bar{b})}} \tag{6.44}$$

式中，用$\sigma_{(\acute{b}-\bar{b})}$估计值$S_{(\acute{b}-\bar{b})}$代替，$u$由标准正态分布表中查出。当$u$大于给定显著性水平$\alpha$下临界值时，例如$|u|\geqslant u_{\alpha/2}$，则在显著性水平$\alpha$下否认$\acute{b}$与$\bar{b}$的一致性；若$|u|<u_{\alpha/2}$，则没有明显理由否定$\acute{b}$与$\bar{b}$之间的一致性。若取显著性水平$\alpha=0.05$，当$|u|<u_{0.025}=1.96$，可以认为$\acute{b}$与$\bar{b}$是一致的，从而可以认为$a_1$与$a_2$之间是一致的。

【例6.4】用火焰原子吸收分光光度法测定微量钴，得到了如表6.4所示的两组数据。试根据表中数据确定吸光度和浓度之间的关系式，并对确定的两个回归方程的一致性做出评价($\alpha=0.01$)。

表 6.4 原子吸收分光光度法测定钴含量数据表

钴含量 $c/\mu g$		0.28	0.56	0.84	1.12	2.24
吸光度 A	1	3.0	5.5	8.2	11.0	21.5
	2	3.5	3.5	8.5	11.0	22.3

解： 根据式(6.7)和式(6.5)分别计算两条回归方程的回归系数 b_1、b_2 和常数项 a_1、a_2，它们分别为：$b_1=9.48$，$a_1=0.28$；$b_2=9.63$，$a_2=0.55$

则 $A_1=0.28+9.48C$；$A_2=0.55+9.63C$

根据式(6.13)计算出两条回归直线的相关系数，它们分别为1.000与0.995，均大于相关系数表中的临界值 $\gamma_{(0.01,3,3)}=0.957$，所以回归直线是有意义的。

两条回归直线的精密度，按式(6.17)计算，求得的标准差分别为0.091和0.278。计算统计量：

$$F=\frac{(0.278)^2}{(0.091)^2}=9.33$$

查 F 分布表，$F_{(0.01,3,3)}=29.46$。$F<F_{(0.01,3,3)}$，说明两方差是一致的。按式(6.29)求合并方差 $\bar{S}^2=0.0427$，两回归系数 b_1 与 b_2 之差的标准差按式(6.30)计算：

$$S_{(b_1-b_2)}=\bar{S}\sqrt{\frac{2}{L_{XX}}}=0.193$$

两回归方程的常数项 a_1 与 a_2 之差的标准差按式(6.37)计算：

$$S_{(a_1-a_2)}=\bar{S}\sqrt{\frac{2}{n}+\frac{\bar{X}^2}{L_{XX}}}=0.190$$

$$t_b=\frac{|b_1-b_2|}{S_{(b_1-b_2)}}=\frac{9.63-9.48}{0.193}=0.78$$

$$t_a=\frac{|a_1-a_2|}{S_{(a_1-a_2)}}=\frac{0.55-0.28}{0.190}=1.42$$

查 t 分布表，$t_{(0.01,f)}=3.71$，$t_b<t_{(0.01,f)}$，$t_a<t_{(0.01,f)}$，说明两条回归线系数项之间均无显著性差异，于是，可按式(6.36)和式(6.39)分别求出两回归系数和常数项的加权平均值：

$$\bar{b}=\frac{b_1S_1^2+b_2S_2^2}{S_1^2+S_2^2}=9.49$$

$$\bar{a}=\frac{\bar{y}_1+\bar{y}_2}{2}-b\bar{X}=0.48$$

因此，两批数据可用一个共同的回归方程和一条共同的回归直线 $A=0.48+9.49C$ 来拟合。

第 7 章 试验设计

7.1 试验设计基本概念

正交试验设计，是指研究多因素多水平的一种试验设计方法。根据正交性从全面试验中挑选出部分有代表性的点进行试验，这些有代表性的点具备均匀分散、齐整可比的特点。正交试验设计是分式析因设计的主要方法。当试验涉及的因素在 3 个或 3 个以上，而且因素间可能有交互作用时，试验工作量就会变得很大，甚至难以实施。针对这个困扰，正交试验设计无疑是一种更好的选择。正交试验设计的主要工具是正交表，试验者可根据试验的因素数、因素的水平数以及是否具有交互作用等需求查找相应的正交表，再依托正交表的正交性从全面试验中挑选出部分有代表性的点进行试验，可以实现以最少的试验次数达到与大量全面试验等效的结果。因此，应用正交表设计试验是一种高效、快速且经济的多因素试验设计方法。日本著名的统计学家田口玄一将正交试验选择的水平组合列成表格，称为正交表。例如作一个三因素三水平的试验，按全面试验要求，须进行 $3^3=27$ 种组合的试验，且尚未考虑每一组合的重复数。若按 $L_9(3)$ 正交表安排试验，只需做 9 次，按 $L_{18}(3)$ 正交表进行 18 次试验，显然大大减少了工作量。因而正交试验设计在很多领域的研究中已经得到广泛应用。

科学试验的目的在于揭示客观事物的内在规律，从而获得正确反映客观规律性的结论，然而要获得一个正确反映事物客观规律性的结论并不容易，就医学试验，如动物试验、临床试验来说，由于试验的对象往往是人或动物，个体间差异较大，随机干扰因素多，试验条件不易控制。因此，要获得确实可靠的结论，单凭研究人员熟练的操作技能和认真负责的工作态度是不够的，在试验前还必须拟定一个适宜的试验计划，试验后再对获得的数据资料进行科学的处理，这就引出了试验设计的概念。为了便于说明试验设计方法，先介绍几个有关概念。

① 试验指标　是试验设计中用来衡量试验效果的物理量（简称指标）。指标可以是单一指标（包括综合评价指标），也可以是多个指标。试验指标按性质不同区分为定性指标与定量指标两类。定性指标指不能直接用数值来表达的指标，比如水质的恶臭程度、油漆的亮度等；而定量指标是指能用确定的数值来表示的指标，如吸光度、峰高、谱线强度和产率等。

② 因素及水平　影响试验指标取值的物理量称为因素，有时亦称为因子。因素在试验中所处的状态，称为水平。如考查温度影响，温度即为因素，如要试验 40℃和 60℃两个温度的影响，那么 40℃和 60℃即为该温度因素的两个水平。

③ 试验设计　是研究合理拟定试验计划、科学处理试验数据的一个数理统计分支。一个好的试验计划，一方面可以节省大量的人力、物力及时间，如普查某种疾病的验血问题；另一方面，又可获得较丰富而可靠的资料，通过统计分析，得出较为可靠的结论。化学中就是研究如何设计试验条件使指标取得最优值。

具体的试验设计方案，要根据研究的目的、内容和方法而定。一般来说，如何最大限度地减少试验误差，提高试验精度，是试验设计必须着重考虑的问题。由于在化学试验中，随机干扰因素多，试验条件不易控制，这就必须从多方面努力来提高试验的精度，如试验指标尽可能采用计量指标，提高仪器的精度和操作人员的技术水平，以及保持认真的工作态度等都可减小试验误差。但同时必须指出，在通常的试验设计时，必须遵循以下几个原则：

（1）重复原则

单个试验结果常常带有相当大的偶然性，不可据此作出一般性的结论，也无法估计试验误差的大小。所以要重复试验，从而避免因试验次数太少而导致非试验因素偶然出现而产生的误差。理论上说，试验重复次数越多越好，但重复越多，各种消耗也越大，数据处理也越烦琐，因此，要确定适当的试验次数。

（2）对照原则

比较研究是科学试验中非常重要的方法，设置对照组能抵消或减少非试验因素的干扰，使我们对试验结果有更准确的结论。

（3）随机化原则

为了防止某种因素系统地起作用，即防止试验结果中引入某种带有倾向性的系统误差，要求试验对象的分组、试验次序的安排等方面要遵循随机化原则，也就是使每个试验对象以相同的机会分配到各个组中去。

应特别注意："随机"并非"随意"。如将 30 只小白鼠平均分成 3 组，先随意抓取 10 只作为第一组，再在剩下的 20 只中再随意抓取 10 只为第二组，最后剩下的 10 只为第三组。这样随意地抓取，会引起各组小白鼠在体力、活力等方面的差异，从而可能引入系统误差。

（4）均衡原则

各处理组，非试验因素的条件均衡一致。试验组和对照组除了对欲研究的因素作有计划安排外，其他的因素，特别是可能影响研究结果的因素，应尽可能地保持一致，即所谓的同质性原则。如试验组和对照组的动物，要求性别、体重、品种、年龄上尽可能地搭配一致，观察指标、观察人员和方法、所用仪器等也要求一致，以保持试验对象和试验条件的均衡。

在化学科学试验中，常用的设计方案有配对设计、完全随机化设计、均衡设计、正交试验设计等。本章将介绍多因素试验中常用的一种设计与分析方法，即正交试验设计。

7.2　基本思想与正交表

正交试验设计是一种使用正交表来安排多因素多水平试验，利用普通的统计分析方法来分析试验结果的一种试验设计方法。

对于多因素多水平的问题，通常都希望通过试验找出因素的主次关系和最优搭配条件。用正交表合理地安排试验，可以做到省时、省力、省钱，同时又能得到基本满意的试验效果。因此，这种方法在改进产品质量、研究采用新工艺及试制新产品等诸多方面都已获得应用。

7.2.1　基本思想

考虑一个四因素三水平的试验设计问题。

【例7.1】在中草药的有效成分提取中，为了摸清用浸渍法提取小檗碱的条件，根据经验拟考查四个因素，每个因素取三个水平，希望通过适当次数的试验，找出最优条件，并分清各因素对试验指标（小檗碱的收率）影响的大小。

解：全面试验：即对所有的搭配都做试验，共需做 $3^4=81$ 次试验。这样能找到最优条件，但工作量太大，一般不易做到。

简单比较：这是一种传统的方法。用字母A、B、C、D分别表示四个因素。

第一批试验，先固定A在 A_1（A因素一水平，下同），B在 B_1，C在 C_1，让D变化。

$$\begin{array}{c} \qquad\qquad\quad D_1 \\ A_1 - B_1 - C_1 - D_2 \\ \qquad\qquad\quad D_2 \end{array}$$

第二批试验，若试验结果 D_2 较好，就将D固定在 D_2 上，A仍固定在 A_1，B仍固定在 B_1，让C变化。

$$\begin{array}{c} C_1 \\ A_1 - B_1 - C_2 - D_2 \\ C_3 \end{array}$$

第三批试验，试验结果 C_3 较好，就将C固定在 C_3 上，A_1 和 D_2 不变，让B变化。

$$\begin{array}{c} B_1 \\ A_1 - B_2 - C_3 - D_2 \\ B_3 \end{array}$$

第四批试验，若试验结果 B_1 较好，就将 B 固定在 B_1 上，C_3 和 D_2 不变，让 A 变化。

$$\begin{array}{l} A_1 \\ A_2—B_1—C_3—D_2 \\ A_3 \end{array}$$

若试验结果 A_3 较好，这样得出较优搭配 $A_3B_1C_3D_2$。此时，分四批共做了 9 次试验（重复不计）。为了将这 9 次试验的条件（因素及水平）看得更清楚些，可将试验条件列成表 7.1。

表 7.1 简单比较法安排试验

试验号	因素			
	A	B	C	D
1	1	1	1	1
2	1	1	1	2
3	1	1	1	3
4	1	1	2	2
5	1	1	3	2
6	1	2	3	2
7	1	3	3	2
8	2	1	3	2
9	3	1	3	2

简单比较法的优点是减少了工作量，试验次数从 81 次减少为 9 次，但这种孤立地考查各个因素的方法有其不可避免的缺点。首先，各因素水平间搭配很不均匀，如 A_3 只碰到 $B_1C_3D_2$ 与 B、C、D 的其他水平没有相碰，因此，$A_3B_1C_3D_2$ 不一定是最优搭配。其次，不能分析因素间的相互影响（即交互作用）。当因素间的相互作用影响较大时，找出的搭配有可能不是最好的。最后，试验花费的时间较长，要等一批试验做完后，才能做下一批试验。

为了克服上述的三个缺点，我们从拉丁方着手，引出正交试验的概念。

7.2.2 拉丁方和正交表

（1）拉丁方

n 阶拉丁方是由 n 个不同的符号（通常用 1，2，3，…，n）构成的 $n\times n$ 方阵，其中每个符号在每行与每列中恰好出现一次。

下面的 A、B、C 是三个不同的三阶拉丁方：

$$(A)\ \begin{matrix} 3 & 2 & 1 \\ 2 & 1 & 3 \\ 1 & 3 & 2 \end{matrix} \qquad (B)\ \begin{matrix} 2 & 3 & 1 \\ 1 & 2 & 3 \\ 3 & 1 & 2 \end{matrix} \qquad (C)\ \begin{matrix} 1 & 3 & 2 \\ 3 & 2 & 1 \\ 2 & 1 & 3 \end{matrix}$$

设 A，B 分别是两个 n 阶拉丁方，记为$\{a_{ij}\}$、$\{b_{ij}\}(i, j=1, 2, \cdots, n)$。若 n^2 个有序对$\{(a_{ij}, b_{ij})\}$都是不同的，则称拉丁方 A 与 B 是正交的。而拉丁方 A 与 C 非正交。

$$(A,B)=\begin{matrix}(3,2) & (2,3) & (1,1)\\ (2,1) & (1,2) & (3,3)\\ (1,3) & (3,1) & (2,2)\end{matrix}\qquad (A,C)=\begin{matrix}(3,1) & (2,3) & (1,2)\\ (2,3) & (1,2) & (3,1)\\ (1,2) & (3,1) & (2,3)\end{matrix}$$

(2) 正交表

正交表是拉丁方的自然推广。对于一个$(n\times m)$阶矩阵 A，它的第 j 列元素由数码$(t_1, t_2, \cdots, t_m)$所构成，如果矩阵中任意两列都是搭配均衡，则称 A 是一个正交表。之所以称矩阵为表，是因为可以将其写成表格的形式，常记作：

$$L_n(t_1\times t_2\times\cdots\times t_m)$$

式中，L 是正交表的代号，来源于拉丁文试验设计的第一个字母；n 表示试验次数；而 $t_j(j=1, 2, \cdots, m)$ 代表第 j 列的 t_j 个水平组成。如所有 t_j 均相等，则可记作 $L_n(t_m)$，称为 t 水平正交表；如有两列水平数不相等，则称混合型正交表。常见的正交表有如 $L_4(2^3)$、$L_8(2^7)$、$L_9(3^4)$ 和 $L_8(4\times 2^4)$ 等，它们分别称作三因素二水平 4 次试验正交表、七因素二水平 8 次试验正交表等。很多正交表都已排列成册，可供使用时参考查阅。

7.3　正交试验的一般步骤

正交试验的一般步骤如下：

(1) 明确试验目的、确定试验指标

首先要确定通过试验解决什么问题，试验目的明确后，进而考虑试验指标。

试验指标最好是定量指标，在遇到不能用数量表示，只能采用定性指标时，常常需对定性指标通过打分或评定等级等方式予以数量化，便于统计分析。

(2) 确定试验的因素、水平

确定了试验目的与指标后，则应考虑哪些因素对指标有影响。应着重考虑那些影响尚不清楚的因素及因素间可能存在着不可忽视的相互作用。对那些已经知道对指标影响不大或影响大小已经了解的因素，可固定在适当的水平上，不必重新考虑。在确定了试验的因素后，还须确定这些因素的相应水平，各因素的水平可相等也可不等，一般来说，重要的因素可多取几个水平。

(3) 选用适当的正交表、作表头设计

根据所考虑的因素和水平的多少，选用适当的正交表。选取正交表后，把各个因素分别填入正交表表头的适当列上，这个过程叫作表头设计。

(4) 进行试验、取得数据

根据正交表拟定的试验条件进行试验，记录数据及有关情况。试验次序可不按正交表上排定的试验号，宜采用随机化方法决定，以免引入顺序误差，且试验可以不是逐次进行，而是成批地做，从而可以缩短试验周期。

（5）分析数据、得出结论

对试验获得的数据资料进行分析，并得出相应的结论。如果试验结果未能达到目的或发现新的问题，则应在原有试验的基础上制定新的试验方案作进一步的研究。

上述步骤中，前两步是决定正交试验能否成功的前提，这要求专业人员与试验研究人员协作，根据专业知识和实践经验共同商定。

7.4 正交试验的直观分析法

7.4.1 直观分析法

我们通过具体实例来说明直观分析法。

【例 7.2】某产品生产过程中，为了提高产率，考查三个因素，每个因素取三个水平，因素及水平见表 7.2。

表 7.2 考查三因素三水平

水平	温度/℃	加碱量/kg	催化剂种类
	A	B	C
1	80	35	甲
2	85	48	乙
3	90	55	丙

由于考查的是三因素三水平，因此可采用正交表 L_9（3^4）来安排试验。该表共有 4 列，可将因素安排在 4 列中的任意三列上，现将因素 A、B、C 安排在正交表的第 1、第 2、第 3 列上，结果见表 7.3。

表 7.3 $L_9(3^4)$ 正交表试验方案

试验号	1	2	3	4	试验结果 产率/%
	A	B	C		
1	1	1	1	1	51
2	1	2	2	2	71
3	1	3	3	3	58
4	2	1	2	3	82
5	2	2	3	1	69
6	2	3	1	2	59
7	3	1	3	2	77
8	3	2	1	3	85
9	3	3	2	1	84

根据表 7.3，共需做 9 次试验，试验指标为产率，每次试验的具体条件见表 7.2 所示，试验结果见表 7.3 最后一列。现从这 9 次试验结果所得的数据出发，分析各因素水

平的改变对试验指标的影响大小及最佳生产条件。由于此例中试验只有一个指标，这类问题称为单指标问题。

（1）直接观察

第8次和第9次试验的产率较高，分别为85%和84%，因此较佳的生产条件为$A_3B_2C_1$或$A_3B_3C_2$。

（2）直观分析

先考查因素A，在9次试验中，因素A的三个水平各出现三次（第1、第2、第3次试验为一水平，第4、第5、第6次试验为二水平，第7、第8、第9次试验为三水平）。在A取一水平的三次试验中，因素B及C都取遍了三个水平，且B及C的三个水平各出现一次，即因素A的一水平A_1分别与因素B及C的三个水平都碰到一次。同样，在因素A取A_2（或A_3）时的三次试验中，B、C也是如此。这样，对于因素A的三个水平来说，B、C两个因素虽有变动，但对因素A的每个水平而言，这种变动是平等的。因此，在A_1、A_2、A_3条件下的三次试验结果的均数$\overline{T}_1$，$\overline{T}_2$，$\overline{T}_3$($\overline{T}_i=\frac{\sum_{k=1}^{3}T_k}{3}$，$i=1$，2，3，其中$T_1$、$T_2$、$T_3$分别表示每个因素各水平下的产率总和）值的大小，分别反映了因素A的三个不同水平对试验指标影响的大小。对因素B及C也可类似地计算出各水平下的平均产率，结果见表7.4。

表7.4　例7.2直观分析法结果

项目	1	2	3	4
	A	B	C	
T_1	180	210	195	
T_2	210	225	237	
T_3	246	201	204	
$\overline{T}_1$	60	70	65	
$\overline{T}_2$	70	75	79	
$\overline{T}_3$	82	67	68	
R	22	8	14	

由表7.4所示的每个因素各水平的平均产率可见，各因素对试验指标的影响大小也不一致。如因素A的三个水平的平均产率变化较大，因此，在因素A的水平发生变动时，对试验指标的影响较大；而因素B的三个水平的平均产率变化较小，因此，在因素B的水平发生变动时，对试验指标的影响较小。这样，可以用一个因素各个水平均值的极差R（极差=平均产率的最大值－平均产率的最小值），来反映各因素水平变动时对试验指标影响的大小。极差大的就表示该因素的水平变动对试验指标的影响大，极差小的就表示该因素的水平变动对试验指标的影响小。这样，我们就可以按各因素极差的大小，来排出影响试验指标的因素的主次顺序。在分清了影响试验指标的因素的主次

顺序后，主要因素应取较好的水平，而次要因素，则可根据对成本、时间、收益等方面的统筹考虑而选取适当的水平。在本例中，因素的主次顺序为 ACB，最佳搭配（最佳生产条件）为 $A_3B_2C_2$，即试验时温度取 90℃、加碱 48kg、用乙类催化剂。注意，正交试验设计得出的不一定是客观实际中的最佳，但数据分析为我们指明了尽快找到最佳搭配的方向。所以在正交试验后，有时还要补充做一两次试验，以找到全部方案中的最佳方案。如在此例中，找到的最佳搭配 $A_3B_2C_2$ 在 9 次试验中并没有出现，必要时可通过补充试验进行验证。

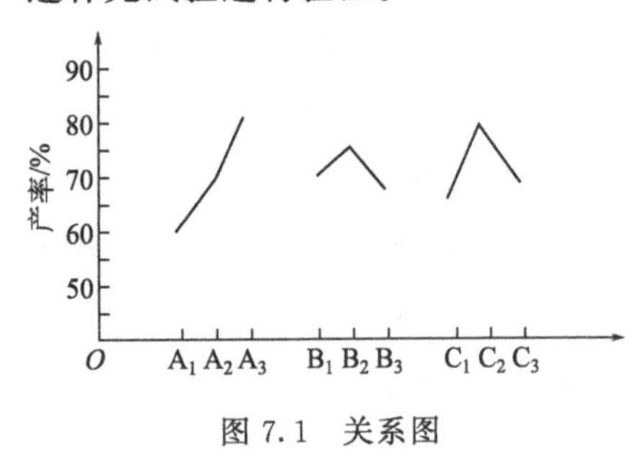

图 7.1　关系图

（3）深入探讨

以因素为横坐标，试验指标为纵坐标，作关系图（见图 7.1）。此图也称为因素指标关系图。从图中可看出：对因素 A（温度）而言，温度越高，产率越高，在以后试验时，可考虑适当改变试验条件（增加试验温度），产率也许还会提高；对因素 B（加碱量）而言，加得太多、太少，产率都不高，在以后试验时，可适当确定加碱量，再观察得率的变化情况；对因素 C（催化剂）而言，乙催化剂的效果较好，而丙催化剂的效果较差，这些都为进一步研究提供了线索。

最后，有两点需要注意。首先，因素的水平不宜由小到大排列，可作随机安排；其次，这里的“最佳搭配”是相对于被选因素和水平而言，不是绝对的“最佳”。

7.4.2　多指标试验的分析

在实际问题中，除了遇到单指标问题外，还会遇到多指标问题，即试验中需要考虑的试验指标不止一个。对多指标试验结果分析的常用方法有综合评分法和综合平衡法。

（1）综合评分法

综合评分法就是由有关人员根据试验结果和指标的重要程度等实际情况和要求，对各试验评出兼顾各项指标的综合得分，从而将多指标问题转化为单指标（得分数）问题处理。

【例 7.3】某厂生产一种化工产品，需要考查两个指标：核酸纯度和回收率，这两个指标都是越大越好。试验需考虑四个因素，每个因素都有三个水平，见表 7.5。

表 7.5　考查四因素三水平

水平	时间/h	加料中核酸含量/%	pH 值	加水量
	A	B	C	D
1	25	7.5	5.0	1∶6
2	5	9.0	6.0	1∶4
3	1	6.0	9.0	1∶2

可采用正交表 $L_9(3^4)$ 来安排试验，将因素 A、B、C 和 D 分别安排在正交表的第

1、第 2、第 3 和第 4 列上。根据以往经验知道，纯度的指标比回收率指标更重要，从量化的角度分析，纯度提高 1%相当于收率提高 4%，这样，就可按公式计算：

综合评分＝4×纯度指标＋1×回收率指标

给每个试验打总分，每次试验结果及综合评分见表 7.6。

表 7.6 试验结果及综合评分

试验号	1	2	3	4	各指标试验结果		综合评分
	A	B	C	D	纯度/%	回收率/%	
1	1	1	1	1	17.5	30.0	100.0
2	1	2	2	2	12.0	41.2	89.2
3	1	3	3	3	6.0	60.0	84.0
4	2	1	2	3	8.0	24.2	56.2
5	2	2	3	1	4.5	51.0	69.0
6	2	3	1	2	4.0	58.4	74.4
7	3	1	3	2	8.5	31.0	65.0
8	3	2	1	3	7.0	20.5	48.5
9	3	3	2	1	4.5	73.5	91.5

然后根据这个综合评分，按单指标方法做直观分析，得最佳搭配为 $A_1B_3C_2D_1$，因素的主次顺序为 ADBC，见表 7.7。

表 7.7 例 7.3 直观分析法结果

项目	1	2	3	4
	A	B	C	D
T_1	273.1	221.2	222.9	260.5
T_2	196.6	206.7	236.9	228.6
T_3	205.0	249.9	218.0	188.7
$\overline{T}_1$	91.1	73.7	74.3	86.8
$\overline{T}_2$	65.5	68.9	79.0	76.2
$\overline{T}_3$	68.3	83.3	72.7	62.9
R	25.6	14.4	6.3	23.9

(2) 综合平衡法

综合平衡法就是先按单指标方法分别求出各指标的因素的主次顺序和最佳搭配，然后加以综合平衡。先对各个指标排出因素的主次顺序，并对主要因素确定好水平，然后加以综合，把不同指标之间在水平的选取上没有矛盾的因素先定下来，对水平选取有矛盾的因素则按各指标的相对重要性及实际工作的要求，权衡利弊，确定其水平。

【例 7.4】某工厂为改进其产品的质量，根据生产实际情况，考查七个因素，每个因素取两个水平，见表 7.8。

表 7.8　考查七因素二水平

水平	溶剂	加保险粉	中和速度	脱色前	滤液升温	脱色 pH	加碳温度
	A	B	C	D	E	F	G
1	自来水	滤前加	快	过滤	加沸 30min	不调	40℃
2	洗碳水	滤后加	慢	不过滤	不加沸	调 pH9.3	80℃

试验指标也有两个：①外观，分为 5 个等级，最好的记为 5，最次的记为 1；②溶液色，测定值越低越好。根据因素及水平的个数，选用 $L_8(2^7)$ 正交表安排试验，试验结果及计算数据见表 7.9。

表 7.9　例 7.4 试验结果及计算数据

试验号		1	2	3	4	5	6	7	结果	
		A	B	C	D	E	F	G	溶液色	外观
1		1	1	1	1	1	1	1	2.15	1
2		1	1	1	2	2	2	2	2.30	2
3		1	2	2	1	1	2	2	1.50	3
4		1	2	2	2	2	1	1	1.50	4
5		2	1	2	1	2	1	2	2.00	4
6		2	1	2	2	1	2	1	2.00	3
7		2	2	1	1	2	2	1	1.70	5
8		2	2	1	2	1	1	2	1.70	5
溶液色	T_1	7.45	8.45	7.85	7.35	7.35	7.35	7.3 5		
	T_2	7.40	6.40	7.00	7.50	7.50	7.50	7.5 0		
	$\overline{T}_1$	1.86	2.11	1.96	1.84	1.84	1.84	1.8 4		
	$\overline{T}_2$	1.85	1.60	1.75	1.88	1.88	1.88	1.8 8		
	R	0.01	0.51	0.21	0.04	0.04	0.04	0.0 4		
外观	T_1	10	10	13	13	12	14	13		
	T_2	17	17	14	14	15	13	14		
	$\overline{T}_1$	2.50	2.50	3.25	3.25	3.00	3.50	3.2 5		
	$\overline{T}_2$	4.25	4.25	3.50	3.50	3.75	3.25	3.5 0		
	R	1.75	1.75	0.25	0.25	0.75	0.25	0.2 5		

由表 7.9 可知，对溶液色来说，极差最大的是 B，其次是 C，所以关键因素是 B 和 C，其他为次要因素，最佳搭配为 B_2C_2；对外观来说，极差最大的是 A 和 B，其次是

E，所以关键因素是 A、B 和 E，其他为次要因素，最佳搭配为 $A_2B_2E_2$。

综合上述分析知，最佳搭配为 $A_2B_2C_2E_2$，其他因素的水平数可根据实际情况而定。

7.4.3 水平数不等的试验

前面所述的试验，各因素的水平数都是相等的，但在实际问题中，还会遇到水平数不等的试验。对于这种试验，常用的处理方法有直接使用混合型正交表和拟水平法。

（1）直接使用混合型正交表

【例 7.5】某药厂为了提高某一种药的纯度，对工艺条件进行优化。选取的因素和水平见表 7.10。考查的指标为药的含量。选用 $L_{16}(4^4\times2^3)$ 安排试验，将因素 A、B、C、D、E、F 分别安排在第 2、第 3、第 4、第 5、第 6、第 7 列上，16 次试验的结果依次为 43、14、31、4、29、8、14、32、23、46、15、19、34、33、15、26。要求找出因素的主次顺序及最佳搭配。

表 7.10　工艺条件优化选取的因素和水平

水平	A	B	C	D	E	F
	%	摩尔比	min	min	℃	
1	8	1∶1	25	25	84	投料一次
2	8.5	1∶1.05	30	30	86	投料二次
3	9	1∶1.11	35			
4	9.5	1∶1.15	40			

混合型正交表的计算分析与前述的水平数相等的情况类似，只是在计算各列不同水平所对应的指标均数时，应按实际水平数计算。在本例中，第 1、第 2、第 3、第 4 列（四水平）$\overline{T}_i=\dfrac{\sum_{k=1}^{3}T_k}{4}$，而第 5、第 6、第 7 列（二水平）（$\overline{T}_i=\dfrac{\sum_{k=1}^{8}T_k}{8}$），见表 7.11。

表 7.11　例 7.5 试验结果及计算数据

试验号	1	2	3	4	5	6	7	含量
		A	B	C	D	E	F	%
1	1	1	1	1	1	1	1	43
2	1	2	2	2	1	2	2	14
3	1	3	3	3	2	1	2	31
4	1	4	4	4	2	2	1	4
5	2	1	2	3	2	2	1	29
6	2	2	1	4	2	1	2	8
7	2	3	4	1	1	2	2	14
8	2	4	3	2	1	1	1	32
9	3	1	3	4	1	2	2	23

续表

试验号	1	2	3	4	5	6	7	含量
		A	B	C	D	E	F	%
10	3	2	4	3	1	1	1	46
11	3	3	1	2	2	2	1	15
12	3	4	2	1	2	1	2	19
13	4	1	4	2	2	1	2	34
14	4	2	3	1	2	2	1	33
15	4	3	2	4	1	1	1	15
16	4	4	1	3	1	2	2	26
T_1		129	92	109	213	228	217	
T_2		101	77	95	173	158	169	
T_3		75	119	132				
T_4		81	98	50				
$\overline{T}_1$		32.25	23.00	27.25	26.63	28.50	27.13	
$\overline{T}_2$		25.25	19.25	23.75	21.63	19.75	21.13	
$\overline{T}_3$		18.75	29.75	33.00				
$\overline{T}_4$		20.25	24.50	12.50				
R		13.50	10.50	20.50	5.00	8.75	6.00	
R'		12.15	9.45	18.45	10.04	17.57	12.05	

由于各因素的水平数不同，因此，在分析因素的主次关系时，不能完全按照极差 R 的大小确定。因为通常水平数多的因素的极差比水平数少的因素的极差要大一些，所以要对极差 R 值进行修正之后，才能统一比较。修正公式为：

$$R' = \sqrt{a}\, hR \tag{7.1}$$

式中，a 为该因素各水平的重复数；h 为折算系数，见表 7.12。

表 7.12 折算系数 h

水平数	2	3	4	5	6	7	8	9	10
h	0.71	0.52	0.45	0.40	0.37	0.36	0.34	0.32	0.31

在本例中，根据式（7.1）得第 2 列 $R' = \sqrt{a}\, hR = \sqrt{4} \times 0.45 \times 13.5 = 12.15$。第 5 列 $R' = \sqrt{a}\, hR = \sqrt{8} \times 0.71 \times 5.0 = 10.04$，其他列可同理推算，结果见表 7.11，再根据修正极差 R' 的大小确定因素的主次顺序为 CEAFDB，最优方案为 $A_1B_3C_3D_1E_1F_1$。

（2）拟水平法

有时在混合型正交表中找不到合适的正交表，或即使能找到，但试验次数太多，这时可采用拟水平法来处理。拟水平法就是把水平数不等的问题，转化为水平数相同的问题来处理。

【例 7.6】现有某试验，考虑三个三水平的因素 A、B、D，一个二水平的因素 C，试验指标是越小越好，见表 7.13。

表 7.13 例 7.6 考查因素和水平

水平	A	B	C	D
1	350	15	60	65
2	250	5	80	75
3	300	10	80	85

若直接选用混合型正交表 $L_{18}(2\times3^7)$，则需做 18 次试验。现采用拟水平法，将二水平因素 C 的某一个水平重复一次充当第三水平（在本例中，将因素 C 的二水平重复一次充当三水平）。这样，在形式上就形成了四个三水平，进而可选用正交表 $L_9(3^4)$ 安排试验，共需 9 次试验，比原来减少了 9 次，试验结果及分析方法见表 7.14。

由于用正交表做试验时，因素 C 的第三水平就是第二水平，因此，这一列的真正水平写在虚线框内（见表 7.14）。对于因素 C，只有 T_1 和 T_2，且 $\overline{T}_1=\frac{\sum_{k=1}^{3}T_k}{3}$，$\overline{T}_2=\frac{\sum_{k=1}^{6}T_k}{6}$，得到因素的主次顺序为 DACB，最优方案为 $A_3B_1C_1D_3$。

表 7.14 例 7.6 试验结果及计算数据

试验号	1	2	3		4	试验
	A	B	C		D	指标
1	1	1	1	1	1	45
2	1	2	2	2	2	36
3	1	3	3	2	3	12
4	2	1	2	2	3	15
5	2	2	3	2	1	40
6	2	3	1	1	2	15
7	3	1	3	2	2	10
8	3	2	1	1	3	5
9	3	3	2	2	1	47
T_1	93	70		65	132	
T_2	70	81		160	61	
T_3	62	74			32	
$\overline{T}_1$	31.0	23.3		21.7	44.0	
$\overline{T}_2$	23.3	27.0		26.7	20.3	
$\overline{T}_3$	20.7	24.7			10.7	
R	10.3	3.7		5.0	33.3	

7.5 正交试验的方差分析法

正交试验的直观分析法简便、直观、计算量小，但不能估计试验误差。即不能区分是由于各因素的水平（或交互作用）的变化而导致试验结果的差异，还是由于试验的随机波动而导致试验结果的差异。为解决这个问题，需要对试验结果做方差分析。方差分析的基础是总变差平方和可以分解为各因素效应变差平方和与误差效应平方和。正交表将这种变差平方和分解，并固定到正交表上的每一列上，没有安排因素的列，其变差平方和反映了试验误差。因此，使正交试验结果的方差分析的计算变得比较简便。下面以实例来说明正交试验结果方差分析的具体计算方法。

【例 7.7】用火焰原子吸收分光光度法测定铜时，考查乙炔流量与空气流量比例、燃烧器高度、进样速度、空心阴极灯电流对吸光度的影响。

该试验以吸光度为考查指标，挑选了四因素和四水平，用正交表 $L_{16}(4^5)$ 安排试验，试验方案如表 7.15 所示。试对测试数据进行方差分析并对各因素的影响做出评价。

表 7.15 例 7.7 试验方案

试验号	乙炔流量/空气流量	燃烧高度 /mm	进样速度 /(mL/min)	灯电流 /mA
1	0.5/6(1)	1(1)	2.4(1)	6(1)
2	1.0/8(2)	5(2)	5.7(2)	6(1)
3	1.5/10(3)	9(3)	7.1(3)	6(1)
4	2.0/12(4)	13(4)	7.5(4)	6(1)
5	1.5/10(3)	5(2)	2.4(1)	10(2)
6	2.0/12(4)	1(1)	5.7(2)	10(2)
7	0.5/6(1)	13(4)	7.1(3)	10(2)
8	1.0/8(2)	9(3)	7.5(4)	10(2)
9	2.0/12(4)	9(3)	2.4(1)	14(3)
10	1.5/10(3)	13(4)	5.7(2)	14(3)
11	1.0/8(2)	1(1)	7.1(3)	14(3)
12	0.5/6(1)	5(2)	7.5(4)	14(3)
13	1.0/8(2)	13(4)	2.4(1)	20(4)
14	0.5/6(1)	9(3)	5.7(2)	20(4)
15	2.0/12(4)	5(2)	7.1(3)	20(4)
16	1.5/10(3)	1(1)	7.5(4)	20(4)

解：列出方差分析计算表（见表 7.16）。

先计算总变差平方和 Q_T，乙炔流量与空气流量比效应变差平方和 Q_A，燃烧器高度效应变差平方和 Q_B，进样速度效应变差平方和 Q_C，灯电流效应变差平方和 Q_D，它们分别为：

$$Q_T = \sum X_i^2 - \frac{1}{32}\left(\sum X_i\right)^2 = 16912.75 - 12980.63 = 3932.12$$

$$Q_A = \frac{1}{2\times 4}\sum T_{iA}^2 - \frac{1}{32}\left(\sum X_i\right)^2 = 13302.53 - 12980.63 = 321.90$$

$$Q_B = \frac{1}{2\times 4}\sum T_{iB}^2 - \frac{1}{32}\left(\sum X_i\right)^2 = 13022.47 - 12980.63 = 41.84$$

$$Q_C = \frac{1}{2\times 4}\sum T_{iC}^2 - \frac{1}{32}\left(\sum X_i\right)^2 = 16263.78 - 12980.63 = 3283.15$$

$$Q_D = \frac{1}{2\times 4}\sum T_{iD}^2 - \frac{1}{32}\left(\sum X_i\right)^2 = 13234.78 - 12980.63 = 254.15$$

$$Q_E = Q_T - Q_A - Q_B - Q_C - Q_D = 31.08$$

将上述结果列成方差分析表（见表7.17）。

表7.16 例7.7方差分析计算表

试验号	乙炔流量/空气流量	燃烧器高度/mm	进样速度/(mL/min)	灯电流/mA	X_i		T_i
					1	2	
1	(1)	(1)	(1)	(1)	10.0	9.0	19.0
2	(2)	(2)	(2)	(1)	24.5	23.5	48.0
3	(3)	(3)	(3)	(1)	31.5	30.5	62.0
4	(4)	(4)	(4)	(1)	30.0	29	59.0
5	(3)	(2)	(1)	(2)	1.5	2.0	3.5
6	(4)	(1)	(2)	(2)	14.0	14.5	28.5
7	(1)	(4)	(3)	(2)	31.0	27.0	58.0
8	(2)	(3)	(4)	(2)	32.5	34.5	67.0
9	(4)	(3)	(1)	(3)	1.5	1.0	2.5
10	(3)	(4)	(2)	(3)	20.0	20.5	40.5
11	(2)	(1)	(3)	(3)	30.0	28.5	58.5
12	(1)	(2)	(4)	(3)	36.0	35.0	71.0
13	(2)	(4)	(1)	(4)	2.0	3.0	5.0
14	(1)	(3)	(2)	(4)	21.5	21.5	43.0
15	(4)	(2)	(3)	(4)	18.0	18.0	36.0
16	(3)	(1)	(4)	(4)	21.5	21.5	43.0
T_1	191.0	149.0	30.0	188.0	$T=644.5$		
T_2	178.5	158.5	160.0	157.0			
T_3	149.0	174.5	214.5	172.5			
T_4	126.0	162.5	240.0	127.0			

表 7.17 例 7.7 方差分析表

方差来源	变差平方和	自由度	方差估计值	F 值	F	显著性	最优水平
乙炔空气流量比	321.90	3	107.30	65.43	3.13	* *	A_1
燃烧器高度	41.84	3	13.95	8.51	3.13	* *	B_2
进样速度	3283.15	3	1094.38	667.30	3.13	* *	C_1
灯电流	254.15	3	84.72	51.66	3.13	* *	D_1
试验误差	31.08	19	1.64				
总和	3932.12	31					

由方差分析表可以看出，所考查的因素对铜的吸光度的影响都是高度显著的，最佳分析条件是乙炔与空气流量比为 0.5/6，燃烧器高度为 9mm，进样速度大于 7.5mL/min，空心阴极灯电流为 6mA。

【例 7.8】为了提高某产品的产量，寻找最好的工艺条件，考查了反应温度（A）、反应压力（B）与溶液浓度（C）三因素对产率的影响。因素 A 三个水平分别为 60℃、65℃、70℃，因素 B 三个水平分别为 2kg、2.5kg、3kg，因素 C 三个水平分别为 0.5mg/mL、1.0mg/mL、1.5mg/mL。试由试验结果（见表 7.18）确定最佳工艺条件。

表 7.18 例 7.8 正交试验方案和方差分析计算表

试验号	A	B	$(A\times B)_1$	$(A\times B)_2$	C	$(A\times C)_1$	$(A\times C)_2$	$(B\times C)_1$	$(B\times C)_2$	测定值
1	1	1	1	1	1	1	1	1	1	1.30
2	1	1	1	1	2	2	2	2	2	4.63
3	1	1	1	1	3	3	3	3	3	7.23
4	1	2	2	2	1	1	1	2	3	0.50
5	1	2	2	2	2	2	2	3	1	3.67
6	1	2	2	2	3	3	3	1	2	6.23
7	1	3	3	3	1	1	1	3	2	1.37
8	1	3	3	3	2	2	2	1	3	4.73
9	1	3	3	3	3	3	3	2	1	7.07
10	2	1	2	3	1	2	3	1	1	0.47
11	2	1	2	3	2	3	1	2	2	3.47
12	2	1	2	3	3	1	2	3	3	6.13
13	2	2	3	1	1	2	3	2	3	0.33
14	2	2	3	1	2	3	1	3	1	3.40
15	2	2	3	1	3	1	2	1	2	5.80
16	2	3	1	2	1	2	3	3	2	0.63
17	2	3	1	2	2	3	1	1	3	3.97
18	2	3	1	2	3	1	2	2	1	6.50
19	3	1	3	2	1	3	2	1	1	0.03
20	3	1	3	2	2	1	3	2	2	3.40

续表

试验号	A	B	$(A\times B)_1$	$(A\times B)_2$	C	$(A\times C)_1$	$(A\times C)_2$	$(B\times C)_1$	$(B\times C)_2$	测定值
21	3	1	3	2	3	2	1	3	3	6.80
22	3	2	1	3	1	3	2	2	3	0.57
23	3	2	1	3	2	1	3	3	1	3.97
24	3	2	1	3	3	2	1	1	2	6.83
25	3	3	2	1	1	3	2	3	2	1.07
26	3	3	2	1	2	1	3	1	3	3.97
27	3	3	2	1	3	2	1	2	1	6.57
T_1	36.73	33.46	35.63	34.30	6.27	32.94	34.21	33.33	32.98	
T_2	30.70	31.30	32.08	31.73	35.21	34.66	33.13	33.04	33.43	100.64
T_3	33.21	35.88	32.93	34.61	59.16	33.04	33.30	34.27	34.23	

解：因为要考虑因素之间的交互效应，不能选用 $L_9(3^4)$ 正交表来安排试验。试验具体安排及试验结果见表 7.18。因为交互效应并不是具体因素，不需要像因素 A、B、C 那样在试验中作具体安排，但交互效应要占用正交表中的一列位置，在计算时要将交互效应列和其他因素 A、B、C 列一样看待。

先计算各项变差平方和，并建立相应的方差分析表（见表 7.19）。

$$Q_T=\sum_{i=1}^{27}X_i^2-\frac{1}{27}(\sum X_i)^2=536.3278-375.1263=161.2015$$

$$Q_A=\frac{1}{9}\sum_{i=1}^{3}T_{iA}^2-\frac{1}{27}(\sum X_i)^2=377.1652-375.1263=2.0389$$

$$Q_B=\frac{1}{9}\sum_{i=1}^{3}T_{iB}^2-\frac{1}{27}(\sum X_i)^2=376.2929-375.1263=1.1666$$

$$Q_C=\frac{1}{9}\sum_{i=1}^{3}T_{iC}^2-\frac{1}{27}(\sum X_i)^2=530.9958-375.1263=155.8695$$

$$Q_{AB}=\frac{1}{9}\sum_{i=1}^{3}T_{i(AB)_1}^2+\frac{1}{9}\sum_{i=1}^{3}T_{i(AB)_2}^2-\frac{2}{27}(\sum X_i)^2$$
$$=375.8898+375.6817-2\times 375.1263=1.3189$$

$$Q_{AC}=\frac{1}{9}\sum_{i=1}^{3}T_{i(AC)_1}^2+\frac{1}{9}\sum_{i=1}^{3}T_{i(AC)_2}^2-\frac{2}{27}(\sum X_i)^2$$
$$=375.3334+375.2012-2\times 375.1263=0.2820$$

$$Q_{BC}=\frac{1}{9}\sum_{i=1}^{3}T_{i(BC)_1}^2+\frac{1}{9}\sum_{i=1}^{3}T_{i(BC)_2}^2-\frac{2}{27}(\sum X_i)^2$$
$$=375.2182+375.2154-2\times 375.1263=0.1810$$

$$Q_E=Q_T-Q_A-Q_B-Q_C-Q_{AB}-Q_{AC}-Q_{BC}$$
$$=161.2015-2.0389-1.1666-155.8695-1.3189-0.2820-0.1810$$
$$=0.3446$$

因为不存在因素 A、C 的交互效应与因素 B、C 的交互效应，将它们的变差平方和与误差效应变差平方和合并，有关自由度也合并，求出合并方差估计值，并用它去检验因素主效应及因素 A 与 B 的交互效应。

因素 A 与因素 B 有 9 种不同方式的组合，以获得最高产率者为最佳，故以 A_1B_3 为最佳。由上述分析可以看到，最佳的工艺条件为 $A_1B_3C_3$，即反应温度 60℃，反应压力为 3kg，溶液浓度为 1.5mg/mL。

表 7.19　例 7.8 方差分析表

方差来源	变差平方和	自由度	方差估计值	F 值	$F_{(\alpha, f_1, f_2)}$	显著性	最优水平
反应温度 A	2.0389	2	1.0195	2.02	3.63	* *	A_1
反应压力 B	1.1666	2	0.5833	11.6	3.63	* *	B_3
溶液浓度 C	155.8695	2	77.9348	1543.0	3.63	* *	C_3
交互效应 A×B	1.3199	4	0.3300	6.5	3.01	* *	A_1B_3
交互效应 A×C	0.2820	4					
交互效应 B×C	0.1810	4	0.0505				
试验误差	0.3446	8					
总和	161.2015	26					

在正交试验中，误差自由度 f_E 通常比较小。F 检验只有 f_E 较大时，检验的灵敏度才较高。因此，在正交试验中，如果 $f_E \leqslant 5$，我们增加一级，即计算的 F 值和临界值比较时，若：

$F > F_{0.05}$ 时，因素影响特别显著，记为“* *”；

$F_{0.05} \geqslant F > F_{0.10}$ 时，因素影响显著，记为“*”；

$F_{0.10} \geqslant F > F_{0.25}$ 时，因素对指标有一定影响，记为“Δ”；

$F_{0.25} \geqslant F$ 时，看不出该因素对指标有什么影响，不作记号。

其次从表 7.19 可见，交互效应 A×C 与 B×C 的变差平方和均较小，可以把它们合并到误差效应中去，用合并后的误差效应均方作 F 检验，其自由度较大，检验的灵敏度较高。

用正交表安排试验的优点是试验次数少，得到的试验结果仍能基本上反映全面情况，能考查各因素之间的交互效应和估计试验误差。一般来说，正交试验设计是一种既经济又效率高的安排多因素试验的方法，但从实际分析测试工作来看，当要考查的因素数和水平数很多时，用正交表安排试验，在实际操作上比较麻烦，处理试验数据时的计算工作量相当大，因此，并不是十分方便的，当要考查的因素及水平数很多时，最好将因素分组，采用试验数少的正交表安排试验。

习题

1. 解释基本概念：总体、样本、样本容量、频率、概率、自由度、置信度、置信区间、显著性水平（危险率）、准确度、精密度、误差、偏差。

2. 为什么通常用样本均值和标准差来表征分析测试结果？

3. 误差分几类？各类误差有什么特点？如何消除或减小误差？

4. 从统计角度定性说明，为什么要进行平行测定？当平行测定相差较大时，为什么要进行第三次测定？如何利用第三次测定值来判断前两个测定值的正确性？

5. 从误差性质考虑，为什么要进行重复测定？在未知试样进行分析测试时（例如矿样、废水分析、产品检验），在总测定次数相同的情况下，是增加取样数目而每个样重复测定次数少好，还是减少取样数目而每个样品多进行几次重复测定好，为什么？

6. 将 0.089g $BaSO_4$ 换算为 Ba，问计算时，下列换算因数取何数恰当：0.5884，0.588，0.58，计算结果应以几位有效数字报出？

7. 测定一个溶液的浓度，得到的结果（mol/L）为：0.2041，0.2049，0.2039，0.2043。试求单次测定的平均偏差、标准差及相对标准差。

8. 测定某钢样中含碳量，7 次测定结果（%）为：0.38，0.40，0.42，0.41，0.43，0.40 及 0.39。试求：①结果的平均值和相对平均偏差；②若该样品含碳标准值为 0.42%，计算结果的相对误差。

9. 用沉淀滴定法测定纯 NaCl 中 Cl^- 的百分含量，得到下列结果（%）：59.82，60.06，60.46，59.86，60.24。请计算平均值以及平均值的绝对误差和相对误差。

10. 甲乙分析人员用不同分析方法测定同一样品，两人测定某试样中 CO_2 含量，其结果（%）如下，甲：14.7，14.8，15.2，15.6；乙：14.6，15.0，15.2。问：应如何报出分析结果及结果的精密度（$\alpha=0.05$）。

11. 测定矿石中钨的含量，5 次测定结果（%）为：20.39，20.41，20.43，20.44，20.41。请计算平均值标准差及置信度为 95%时平均值置信区间。

12. 要使置信度为 95%时，置信区间不超过$\pm S$，问至少应平行测定几次？

13. 已知样本值 X 遵从正态分布 $N(\mu,\sigma^2)$，试求 X 落在区间（$\mu-1.5\sigma$，$\mu+$

1.5σ）中的概率。若 $\mu=1.00$，$\sigma=0.02$，求测定值有 90%概率落在某一区内，该区间应是多少（即测定值允许波动的范围）。

14. 有人对一钢样中锰的含量进行了 100 次测定，求得平均值为 0.50%，标准差 σ 为 0.011%。试求测定值在 0.49%～0.51%范围内的概率。

15. 有两种测定 Ni 的分析方法，A 法误差在±0.032 的概率为 95%，B 法误差在±0.028 的概率为 96%，试比较两种分析方法的精密度。

16. 若试验中存在系统误差，对方差计算和检验是否有影响。

17. 系统误差是否就是固定误差？用回收试验检查回收率为 100%，能否说明测定中不存在系统误差，为什么？

18. 铁矿石标样中铁标准值为 54.46%，某分析人员分析 4 次，得到的平均值为 54.26%，标准差为 0.15%。问：在置信度为 95%时，分析结果是否存在系统误差？

19. 为检验一个测定铜的新方法，取浓度为 20.0mg/L 的铜标液，用该方法测定 5 次，其结果（mg/L）分别为：20.1，20.4，19.8，19.6，20.2。试判断新方法是否准确（95%的置信度）。

20. 某化肥厂用自动打包机包装化肥，每包标准重 100kg，某人测 n 包重量为：99.3，98.7，100.5，98.3，100.7，99.5，102.1，100.5，101.2。问：这一天打包机工作是否正常（$\alpha=0.05$）？

21. 已知正常生产情况下，铁水含碳量服从正态分布 $N(4.55, 0.10^2)$，某天抽测五炉铁水，测得铁水含碳量分别为：4.55，4.53，4.48，4.42，4.54。试问这一天生产情况是否正常（$\alpha=0.05$）。

22. 下列两组实验数据的精密度有无显著性差异（$\alpha=0.05$）？

A：9.56，9.49，9.62，9.51，9.58，9.63

B：9.33，9.51，9.49，9.51，9.56，9.40

23. 用两种方法测定某矿样中锰含量，结果如下：

方法一：$n_1=11$，$\overline{X}_1=10.56\%$，$S_1=0.10\%$

方法二：$n_2=11$，$\overline{X}_2=10.64\%$，$S_2=0.12\%$

问：两组平均值是否存在显著性差异（$\alpha=0.05$）？

24. 某化验室经常用上级单位提供的标准检验分析操作条件是否稳定。上级化验单位 10 次的测定结果平均值为 58.25%，标准差为 0.01%。某化验分析 4 次结果（%）为：58.23，58.31，58.26，58.28。问：该化验室的分析操作是否正常（$P=0.95$）？

25. 甲乙两人对某一样品进行测定，测得值分别为：

甲：15.0，14.5，15.2，15.2，14.8，15.1，15.2，14.8

乙：15.2，15.0，14.8，15.2，15.0，15.0，14.8，15.1，14.8

问：在置信度为 95%的条件下，两人测定结果之间是否存在系统误差？

26. 分别以 Na_2CO_3 和 $Na_2B_4O_7 \cdot 10H_2O$ 作基准物标定 HCl 浓度，标定结果如下表：

项目	Na_2CO_3 法	$Na_2B_4O_7 \cdot 10H_2O$ 法
HCl 浓度/(mol/L)	0.10079	
	0.10087	0.10081
	0.10087	0.10080
	0.10091	0.10081
	0.10082	0.10085
	0.10083	0.10085
	0.10085	

试判断两种方法有无显著性差异（$\alpha=0.05$）。

27. 某学生标定 NaOH 浓度，得到下列数据：0.1011，0.1010，0.1012，0.1016。根据 $4\bar{d}$ 法判断 0.1016 这个数是否为异常值？若再测定一次，得到的结果为 0.1014，再问这时 0.1016 这个数据是否为异常值。

28. 某分析工作者，重复测定样品某一成分，得到下面结果（%）：93.30，93.30，93.40，93.40，93.30，93.55。试分别用 Q 检验法、Grubbs 法检验 93.55 这个数据该不该保留（$P=0.95$）。

29. 下面是一组测量误差数据，从小到大排列为：−1.40，−0.44，−0.30，−0.24，−0.22，−0.13，−0.05，+0.10，+0.18，+0.20，+0.39，+0.48，+0.63，+1.01，试用 Grubbs 法和 Dixon 法检验，置信度为 95%时，1.01 和−1.40 这两个数据是否应保留。

30. 四个分析者 A、B、C、D 每人各重复测定 4 次，得到下列数据：

次数	A	B	C	D
1	20.13	20.14	20.19	20.19
2	20.16	20.12	20.11	20.15
3	20.09	20.04	20.12	20.16
4	20.14	20.06	20.15	20.10

试判断分析者之间是否有显著差异。

31. 若干单位对水质进行联合测定，得到 50 个测定值，测得总平均值为 1.50，标准差为 0.05，测定值中有三个分别为 1.39、1.61、1.63 离群。若取置信度为 95%，这些测定值是否应该保留？为什么？

32. 研究酸度对分光光度法测定某物质吸光度的影响，试验结果如下表：

pH	吸光度		
2	0.50	0.40	0.35
4	0.45	0.50	0.55
6	0.43	0.53	0.60

试问该酸度对吸光度是否有影响，为什么。

33.有甲、乙、丙三人制造同一产品，每人五天制造的产品数如下表：

甲	41	48	41	57	49
乙	65	57	54	72	64
丙	45	51	56	48	48

问三人的生产效率是否有显著性差异（$\alpha=0.05$）。

34.为了全面考查溶液 pH 值和某络合剂的浓度对某反应吸光度的影响，试验安排及结果如下表：

络合剂浓度	pH 值和吸光度			
	6	5	4	2
0.4	0.35	0.26	0.20	0.14
0.8	0.23	0.20	0.15	0.08
1.0	0.20	0.19	0.12	0.03

试对该数据进行方差分析，并对试验条件作出评价。

35.下表是三个采样点于四个季度末采集土壤样品含量（μg/g）的数据。试通过方差分析说明：①两个影响因素主效应的显著性；②地点与时间之间是否存在交互效应。

地点	时间			
	第一季度	第二季度	第三季度	第四季度
甲	1.51　0.91	1.25　1.36	1.30　1.61	1.19　1.66
乙	1.48　1.58	1.66　1.26	0.92　1.16	1.46　1.01
丙	0.85　0.64	0.69　0.90	1.17　0.80	1.30　0.64

36.用比色法测定 SiO_2 含量，为绘制工作曲线，用标准溶液得到下表中数据：

SiO_2 含量/mg	0.02	0.04	0.06	0.08	0.10
吸光度 A	0.135	0.187	0.268	0.359	0.485

试用回归分析法确立工作曲线回归方程式，通过相关系数检验判断回归方程是否有意义。

37.用同一分析方法，测定不同试样中钨的含量和相应的允许差，数据如下表：

含量 x%	0.194	0.489	0.788	1.073	1.359
允许差 y%	0.0328	0.0276	0.0305	0.0362	0.0667

试求：①允许差随含量变化的回归方程；②通过相关关系检验和方差分析检验回归方程是否有意义。

38.为了确定比色法测定某元素的最佳条件，研究了 pH 值、显色剂浓度、显色时间对吸光度的影响，采用 $L_9(3^4)$ 正交表安排试验，试验设计方案及结果如下表所示：

试验号	pH 值	显色剂浓度 /%	显色时间 /min	吸光度	
				1	2
1	2	1	5	0.25	0.20
2	2	2	10	0.17	0.19
3	2	3	15	0.10	0.12
4	4	1	10	0.13	0.12
5	4	2	15	0.08	0.10
6	4	3	5	0.15	0.17
7	6	1	15	0.05	0.05
8	6	2	5	0.07	0.09
9	6	3	10	0.04	0.05

试对试验结果进行方差分析，并确定最佳测定条件。

39.某化工厂进行某化学试验，所选因素水平如下表所示：

水平	A 盐酸/(mol/L)	B 时间/min	C 温度/℃	D 催化剂	E 硫酸/L
1	1.03	30	60	Na_2SO_4、$CuCl_2$、$FeCl_3$	0.2
2	1.05	45	70	NaCl	0.1
3				$FeCl_3$、$CuCl_2$	

问：①选哪种正交表合适；②列出试验方案。

40.用分光光度法测定某成分 M，测得的不同浓度下的吸光度如下，试用最小二乘法原理确定回归方程，并画出回归线。

M 含量/（μg/50mg）	0.02	0.04	0.06	0.08	0.10	0.12	0.14
吸光度（A）	0.10	0.21	0.28	0.40	0.53	0.62	0.66

41.为了选择原子吸收测定铝合金中痕量铁的最佳试验条件，现选择三因素：酸度、络合剂（8-羟基喹啉）浓度、释放剂（锶盐）浓度。每个因素考虑三个水平，用 $L_9(3^4)$ 表安排试验，其试验方案及结果记录如下：

试验号	盐酸（1∶1）/mL	8-羟基喹啉（0.5%）/mL	锶盐（20mg/mL）/mL	吸光度（×100）
1	4	3	1	13
2	4	6	9	15
3	4	9	17	20
4	7	3	9	22
5	7	6	17	29
6	7	9	1	17
7	10	3	17	21

续表

试验号	盐酸（1∶1）/mL	8-羟基喹啉（0.5%）/mL	锶盐（20mg/mL）/mL	吸光度（×100）
8	10	6	1	19
9	10	9	9	19

试用方差分析处理该组数据，并对试验条件作出判断。

附录

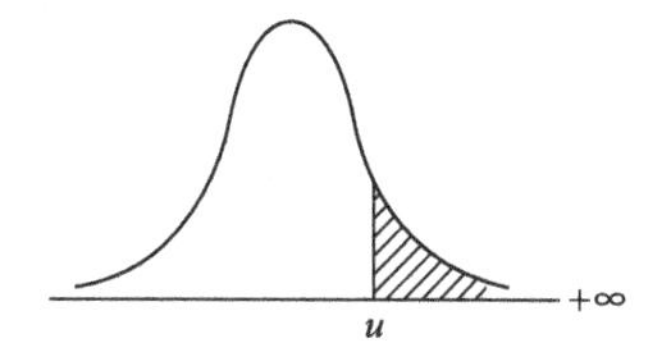

附表 1 标准正态分布表

u	0.00	0.01	0.02	0.03	0.04	0.05	0.06	0.07	0.08	0.09
0.0	5000	4960	4920	4880	4840	4801	4761	4721	4681	4641
0.1	4602	4562	4522	4483	4443	4404	4364	4325	4286	4247
0.2	4207	4168	4129	4090	4052	4013	3974	3936	3897	3859
0.3	3821	3783	3745	3707	3669	3632	3694	3557	3520	3483
0.4	3446	3409	3372	3336	3900	3264	3228	3192	3156	3121
0.5	3085	3035	3015	2891	2946	2912	2877	2843	2810	2776
0.6	2743	2709	2676	2643	2611	2578	2546	2514	2483	2451
0.7	2420	2389	2358	2327	2296	2266	2236	2206	2177	2148
0.8	2119	2090	2061	2033	2005	1977	1949	1922	1894	1867
0.9	1841	1814	1788	1762	1736	1711	1685	1660	1635	1611
1.0	1587	1562	1539	1515	1492	1469	1446	1423	1401	1379
1.1	1357	1335	1314	1292	1271	1251	1230	1210	1190	1170
1.2	1151	1131	1112	1093	1075	1056	1036	1020	1003	0985
1.3	0968	0951	0934	0918	0901	0885	0869	0853	0838	0823
1.4	0793	0793	0778	0764	0749	0735	0721	0708	0694	0681
1.5	0668	0655	0643	0630	0618	0606	0594	0582	0571	0559
1.6	0548	0537	0526	0516	0505	0495	0485	0475	0465	0455
1.7	0446	0436	0427	0418	0409	0401	0392	0384	0375	0367
1.8	0359	0351	0344	0336	0329	0322	0314	0307	0301	0294
1.9	0287	0231	0274	0268	0262	0256	0250	0244	0239	0233

续表

u	0.00	0.01	0.02	0.03	0.04	0.05	0.06	0.07	0.08	0.09
2.0	0228	0222	0217	0212	0207	0202	0197	00192	0188	0183
2.1	0179	0174	0170	0166	0162	0156	0154	0150	0146	0143
2.2	0139	0136	0132	0129	0125	0122	0119	0116	0113	0110
2.3	0107	0104	0102	00990	00964	00939	00914	00889	00866	00842
2.4	00820	00798	00776	00755	00734	00714	00695	00676	00657	00639
2.5	00621	00604	00587	00570	00554	00539	00523	00508	00494	00480

附表 2　t 分布表（双边）

α	f				
	0.10	0.05	0.02	0.01	0.001
1	6.31	12.71	31.82	63.66	636.62
2	2.92	4.30	6.97	9.93	31.60
3	2.35	3.18	4.54	5.84	12.94
4	2.13	2.78	3.75	4.60	8.61
5	2.02	2.57	3.37	4.03	6.86
6	1.94	2.45	3.14	3.71	5.96
7	1.90	2.37	3.00	3.50	5.41
8	1.86	2.31	2.90	3.36	5.04
9	1.83	2.26	2.82	3.25	4.78
10	1.81	2.23	2.76	3.17	4.59
11	1.80	2.20	2.72	3.11	4.44
12	1.78	2.18	2.68	3.06	4.32
13	1.77	2.16	2.65	3.01	4.22
14	1.76	2.15	2.62	2.98	4.14
15	1.75	2.13	2.60	2.95	4.07
16	1.75	2.12	2.58	2.92	4.02
17	1.74	2.11	2.57	2.90	3.97
18	1.73	2.10	2.55	2.88	3.92
19	1.73	2.09	2.54	2.86	3.88
20	1.73	2.09	2.53	2.85	3.85
21	1.72	2.08	2.52	2.83	3.82
22	1.72	2.07	2.51	2.82	3.79
23	1.71	2.07	2.50	2.81	3.75
24	1.71	2.06	2.48	2.80	3.75
25	1.71	2.06	2.48	2.79	3.73

续表

α	f				
	0.10	0.05	0.02	0.01	0.001
30	1.70	2.04	2.46	2.75	3.65
40	1.68	2.02	2.42	2.70	3.55
60	1.67	2.00	2.39	2.66	3.46
120	1.66	1.98	2.36	2.62	3.37
∞	1.65	1.96	2.33	2.58	3.29

附表 3　χ^2分布表

f	0.99	0.98	0.95	0.90	0.50	0.10	0.05	0.02	0.01	0.001
1	0.000	0.001	0.001	0.016	0.455	2.71	3.84	5.41	6.64	10.83
2	0.020	0.040	0.103	0.211	1.386	4.61	5.00	7.82	9.21	13.82
3	0.115	0.185	0.352	0.584	2.366	6.25	7.82	9.84	11.34	16.27
4	0.297	0.429	0.711	1.064	3.357	7.78	9.49	11.67	13.28	18.47
5	0.554	0.752	1.145	1.601	4.351	9.24	11.07	13.39	15.09	20.52
6	0.872	1.134	1.635	2.204	5.35	10.65	12.59	15.03	16.81	22.46
7	1.239	1.564	2.167	2.833	6.35	12.02	14.07	16.62	18.48	24.37
8	1.646	2.032	2.731	3.490	7.34	13.36	15.51	18.17	20.09	26.13
9	2.088	2.532	3.325	4.168	8.34	14.68	16.92	19.68	21.67	27.88
10	2.558	3.050	3.940	4.865	9.34	15.99	18.31	21.16	23.21	29.59
11	3.05	3.61	4.57	5.58	10.34	17.28	19.68	22.62	26.73	31.26
12	3.57	4.18	5.23	6.30	11.34	18.55	21.03	24.05	26.22	32.91
13	4.11	4.76	5.89	7.04	12.34	19.81	22.36	25.47	27.69	34.53
14	4.66	5.37	6.57	7.79	13.34	21.06	23.69	26.87	29.14	36.17
15	5.23	5.99	7.26	8.55	14.34	22.31	25.00	28.26	30.58	37.70
16	5.81	6.61	7.96	9.31	15.34	23.54	26.30	29.63	32.00	39.25
17	6.41	7.26	8.67	10.09	16.34	24.77	27.59	31.00	33.41	40.79
18	7.02	7.91	9.39	10.87	17.34	25.99	28.87	32.35	34.81	42.31
19	7.63	8.57	10.12	11.65	18.34	27.20	30.14	33.69	36.19	43.32
20	8.26	9.24	10.85	12.44	19.34	28.41	31.41	35.02	37.57	45.32
21	8.90	9.91	11.59	13.24	20.34	29.61	32.67	36.34	38.93	46.80
22	9.54	10.60	12.34	14.04	21.34	30.81	33.92	37.66	40.29	48.27
23	10.20	11.29	13.09	14.85	22.34	32.01	35.17	38.97	41.64	49.73
24	10.86	11.99	13.85	15.66	23.34	33.20	36.42	40.27	42.98	51.18
25	11.52	12.70	14.61	16.47	24.34	34.38	37.65	41.57	44.31	52.62

续表

f	0.99	0.98	0.95	0.90	0.50	0.10	0.05	0.02	0.01	0.001
26	12.20	13.41	15.38	17.29	25.34	35.56	38.89	42.86	45.64	54.05
27	12.88	14.12	16.15	18.11	26.34	36.74	40.11	44.14	46.96	55.48
28	13.56	14.85	16.93	18.94	27.34	37.92	41.34	45.42	48.28	56.89
29	14.26	15.57	17.71	19.77	28.34	39.09	42.56	46.69	49.59	58.30
30	14.95	16.31	18.49	20.60	29.34	40.26	43.77	47.96	50.89	59.70

附表 4　F 分布表（$\alpha = 0.05$）

f_2	f_1														
	1	2	3	4	5	6	7	8	9	10	12	15	20	60	∞
1	161.4	199.5	215.7	224.6	230.2	234.0	236.8	238.9	240.5	241.9	243.9	245.9	248.0	252.2	254.3
2	18.51	19.00	19.16	19.25	19.30	19.33	19.35	19.37	19.38	19.40	19.41	19.43	19.45	19.48	19.50
3	10.13	9.55	9.28	9.12	9.01	8.94	8.89	8.81	8.79	8.74	8.70	8.66	8.57	8.53	8.85
4	7.71	6.94	6.59	6.39	6.26	6.16	6.09	6.04	6.00	5.96	5.91	5.86	5.80	5.69	5.63
5	6.61	5.79	5.41	5.19	5.05	4.95	4.88	4.77	4.68	4.62	4.56	4.68	4.56	4.43	4.36
6	5.99	5.14	4.76	4.53	4.39	4.28	4.21	4.15	4.10	4.06	4.00	3.94	3.87	3.74	3.67
7	5.59	4.74	4.35	4.12	3.97	3.87	4.21	4.15	4.10	4.06	4.00	3.9	3.44	3.30	3.23
8	5.32	4.46	4.07	3.84	3.69	3.58	3.50	3.44	3.39	3.35	3.28	3.22	3.15	3.01	2.93
9	5.12	4.26	3.86	3.63	3.48	3.37	3.29	3.23	3.18	3.14	3.07	3.01	2.94	2.79	2.71
10	4.96	4.10	3.71	3.48	3.33	3.32	3.14	3.07	3.02	2.98	2.91	2.85	2.77	2.62	2.54
11	4.84	3.98	3.59	3.36	3.20	3.09	3.01	2.95	2.90	2.85	2.79	2.72	2.49	2.40	2.40
12	4.75	3.89	3.49	3.26	3.11	3.00	2.91	2.81	2.80	2.75	2.69	2.62	2.54	2.38	2.30
13	4.67	3.81	3.41	3.18	3.03	2.92	2.81	2.77	2.71	2.67	2.60	2.53	2.46	2.39	2.22
14	4.60	3.74	3.34	3.11	2.96	2.85	2.79	2.70	2.65	2.60	2.53	2.46	2.39	2.22	2.13
15	4.54	3.68	3.29	3.06	2.90	2.79	2.71	2.64	2.59	2.54	2.48	2.40	2.33	2.16	2.07
20	4.35	3.49	3.01	2.87	2.71	2.60	2.51	2.45	2.39	2.35	2.28	2.20	2.12	1.95	1.84
30	4.17	2.32	2.92	2.69	2.53	2.42	2.33	2.27	2.21	2.16	2.09	2.01	1.93	1.74	1.62
60	4.00	3.15	2.76	2.53	2.37	2.25	2.17	2.10	2.04	1.99	1.92	1.84	1.75	1.53	1.39
∞	3.84	3.00	2.60	2.37	2.21	2.10	2.01	1.94	1.88	1.83	1.75	1.67	1.57	1.32	1.00

F 分布表（$\alpha = 0.10$）

f_2	f_1													
	1	2	3	4	5	6	7	8	9	10	12	15	20	60
1	39.3	49.5	53.6	55.8	57.2	58.2	58.9	59.4	59.9	60.2	60.7	61.2	61.7	62.8
2	8.53	9.00	9.16	9.24	9.29	9.89	9.35	9.37	9.38	9.39	9.41	9.42	9.44	9.47

续表

f_2	f_1													
	1	2	3	4	5	6	7	8	9	10	12	15	20	60
3	5.54	5.46	5.39	5.34	5.31	5.28	5.27	5.25	5.24	5.26	5.22	5.20	5.18	5.15
4	4.54	4.35	4.19	4.11	4.05	4.01	3.98	3.95	3.94	3.92	3.90	3.37	3.84	3.79
5	4.06	3.78	3.62	3.52	3.45	3.40	3.37	3.34	3.32	3.30	3.27	3.24	3.21	3.14
6	3.78	3.46	3.29	3.18	3.11	3.05	3.01	2.98	2.96	2.94	2.90	2.87	2.84	2.76
7	3.26	3.07	2.96	2.88	2.83	2.71	2.75	2.72	2.70	2.67	2.61	2.59	2.51	2.50
8	3.46	3.11	2.92	2.81	2.73	2.67	2.62	2.59	2.56	2.54	2.50	2.46	2.52	2.30
9	3.36	3.01	2.81	2.69	2.61	2.55	2.51	2.47	2.44	2.42	2.38	2.34	2.30	2.21
10	3.28	2.92	2.73	2.61	2.52	2.46	2.41	2.38	2.35	2.32	2.28	2.24	2.20	2.11
11	3.23	2.86	2.66	2.54	2.45	2.39	2.34	2.30	2.27	2.25	2.21	2.17	2.12	2.03
12	3.18	2.81	2.61	2.48	2.39	2.33	2.28	2.24	2.21	2.19	2.15	2.10	2.06	1.96
13	3.14	2.76	2.56	2.43	2.35	2.28	2.23	2.20	2.16	2.14	2.10	2.05	2.01	1.90
14	3.10	2.73	2.52	2.39	2.31	2.24	2.19	2.15	2.12	2.10	2.05	2.01	1.96	1.96
15	3.07	2.70	2.49	2.36	2.27	2.21	2.16	2.12	2.09	2.06	2.02	1.97	1.92	1.82
16	3.05	2.67	2.46	2.33	2.24	2.18	2.13	2.09	2.06	2.03	1.99	1.94	1.89	1.73
17	3.03	2.64	2.44	2.31	2.22	2.15	2.10	2.06	2.03	2.00	1.96	1.91	1.86	1.75
18	3.01	2.62	2.42	2.29	2.20	2.13	2.08	2.04	2.00	1.98	1.96	1.91	1.86	1.81
19	2.99	2.61	2.40	2.27	2.15	2.11	2.06	2.02	1.98	1.96	1.91	1.86	1.81	1.70
20	2.97	2.59	2.38	2.25	2.16	2.09	2.04	2.00	1.96	1.94	1.89	1.84	1.79	1.67

附表 5　柯奇拉检验临界值 G(α，f)

m	f（显著性水平 α=0.05）										
	1	2	3	4	5	6	7	8	9	10	16
2	0.9985	0.9750	0.9392	0.9057	0.8772	0.8534	0.8332	0.8159	0.8010	0.7880	0.7341
3	0.9669	0.8709	0.7977	0.7457	0.7071	0.6771	0.6530	0.6333	0.6167	0.6025	0.5466
4	0.9065	0.7679	0.6841	0.6287	0.5895	0.5598	0.5365	0.5175	0.5017	0.4884	0.4336
5	0.8412	0.6838	0.5981	0.5441	0.5065	0.4783	0.4564	0.4337	0.4274	0.4118	0.3645
6	0.7808	0.8161	0.8324	0.4803	0.4447	0.4184	0.3980	0.3817	0.3682	0.3568	0.3135
7	0.7271	0.5612	0.5321	0.4803	2.4447	0.4184	0.3980	0.3817	0.3682	0.3568	0.2756
8	0.6798	0.5157	0.4377	0.3910	0.3595	0.3362	0.3485	0.3043	0.2926	0.2829	0.2462
9	0.6385	0.4775	0.4027	0.3584	0.3586	0.3067	0.2901	0.2768	0.2659	0.2568	0.2226
10	0.6020	0.4450	0.3733	0.3311	0.3029	0.2823	0.2666	0.2541	0.2439	0.2353	0.2032
12	0.5410	0.3924	0.3264	0.2880	0.2624	0.2439	0.2299	0.2187	0.2098	0.2022	0.1737
15	0.4709	0.3346	0.2728	0.2419	0.2195	0.2034	0.1911	0.1815	0.1736	0.1671	0.1429
20	0.3894	0.2705	0.2205	0.1921	0.1735	0.1602	0.1501	0.1422	0.1357	0.1303	0.1108

附表 6 哈特利检验临界值 $F(\alpha, m, f)$

m	f（显著性水平 α=0.05）										
	2	3	4	5	6	7	8	9	10	11	12
4	9.60	15.5	20.6	25.2	29.5	33.6	37.5	41.1	44.6	48.0	51.0
5	7.15	10.8	13.7	16.3	18.7	20.8	22.9	24.7	26.5	28.2	29.9
6	5.82	8.38	10.4	12.1	13.7	15.0	16.3	17.5	18.6	19.7	20.7
7	4.99	6.94	8.44	9.70	10.8	11.8	12.7	13.5	14.3	15.1	15.8
8	4.43	6.00	7.18	8.12	9.09	9.78	10.5	11.1	11.7	12.2	12.7
9	4.03	5.34	6.31	7.11	7.80	8.41	8.95	9.45	9.91	10.3	10.7
10	3.82	4.85	5.67	6.34	6.92	7.42	7.84	8.28	8.66	9.01	9.34
12	3.28	4.16	4.79	5.30	5.82	6.09	6.42	6.72	7.00	7.25	7.43
15	2.83	3.54	4.01	4.37	4.68	4.95	5.19	5.40	5.59	5.77	5.93
20	2.46	2.95	3.29	3.54	3.76	3.94	4.10	4.24	4.37	4.49	4.59
30	2.07	2.40	2.61	2.78	2.91	3.02	3.12	3.21	3.29	3.36	3.39
60	1.67	1.85	1.96	2.04	2.11	2.17	2.22	2.26	2.30	2.33	2.36

附表 7 相关系数 r 临界值

$n-2$	α		$n-2$	α	
	0.05	0.01		0.05	0.01
1	0.9969	0.998	16	0.468	0.590
2	0.9500	0.990	17	0.456	0.575
3	0.878	0.957	18	0.444	0.561
4	0.811	0.912	19	0.433	0.549
5	0.754	0.875	20	0.423	0.537
6	0.707	0.834	25	0.384	0.487
7	0.666	0.798	30	0.349	0.449
8	0.632	0.765	35	0.325	0.418
9	0.602	0.735	40	0.304	0.393
10	0.576	0.708	45	0.288	0.378
11	0.553	0.684	50	0.273	0.354
			60	0.250	0.325
12	0.532	0.661	70	0.232	0.302
13	0.514	0.641	80	0.217	0.283
14	0.497	0.623	90	0.205	0.267
15	0.482	0.606	100	0.195	0.254

附表 8　正交表

$L_4(2^3)$

试验号	列号		
	1	2	3
1	1	1	1
2	1	2	2
3	2	1	2
4	2	2	1

$L_3(2^7)$任意二列间的交互作用出现于另一列

试验号	列号						
	1	2	3	4	5	6	7
1	1	1	1	1	1	1	1
2	1	1	1	2	2	2	2
3	1	2	2	1	1	2	2
4	1	2	2	2	2	1	1
5	2	1	2	1	2	1	2
6	2	1	2	2	1	2	1
7	2	2	1	1	2	2	1
8	2	2	1	2	1	1	2

$L_3(2^7)$二列间的交互作用

列号	列号						
	1	2	3	4	5	6	7
	(1)	3	2	5	4	7	6
		(2)	1	6	7	4	5
			(3)	7	6	5	4
				(4)	1	2	3
					(5)	3	2
						(6)	1

$L_3(2^7)$表头设计

因素数	列号						
	1	2	3	4	5	6	7
3	A	B	A×B	C	A×C	B×C	
4	A	B	A×B C×D	C	A×C B×D	B×C A×D	D
4	A	B C×D	A×B	C B×D	A×C	D B×C	A×D
5	A D×E	B C×D	A×B C×E	C B×D	A×C B×E	D A×E B×C	E A×D

$L_{18}(3^7)$

试验号	列号						
	1	2	3	4	5	6	7
1	1	1	1	1	1	1	1
2	1	2	2	2	2	2	2
3	1	3	3	3	3	3	3
4	2	1	1	2	2	3	3
5	2	2	2	3	3	1	1
6	2	3	3	1	1	2	2
7	3	1	2	1	3	2	3
8	3	2	3	2	1	3	1
9	3	3	1	3	2	1	2
10	1	1	3	3	2	2	1
11	1	2	1	1	3	3	2
12	1	3	2	2	1	1	3
13	2	1	2	3	1	3	2
14	2	2	3	1	2	1	3
15	2	3	1	2	3	2	1
16	3	1	3	2	3	1	2
17	3	2	1	3	1	2	3
18	3	3	2	1	2	3	1

$L_{16}(4^5)$

试验号	列号				
	1	2	3	4	5
1	1	1	1	1	1
2	1	2	2	2	2
3	1	3	3	3	3
4	1	4	4	4	4
5	2	1	2	3	4
6	2	2	1	4	3
7	2	3	4	1	2
8	2	4	3	2	1
9	3	1	3	4	2
10	3	2	4	3	1
11	3	3	1	2	4
12	3	4	2	1	3
13	4	1	4	2	3
14	4	2	3	1	4
15	4	3	2	4	1
16	4	4	1	3	2

$L_8(4\times2^4)$

试验号	列号				
	1	2	3	4	5
1	1	1	1	1	1
2	1	2	2	2	2
3	2	1	1	2	2
4	2	2	2	1	1
5	3	1	2	1	2
6	3	2	1	2	1
7	4	1	2	2	1
8	4	2	1	1	2

$L_8(4\times2^4)$表头设计

因素数	列号				
	1	2	3	4	5
2	A	B	$(A\times B)_2$	$(A\times B)_2$	$(A\times B)_3$
3	A	B	C		
4	A	B	C	D	
5	A	B	C	D	E

$L_{12}(3\times2^4)$

试验号	列号				
	1	2	3	4	5
1	2	1	1	1	2
2	2	2	1	2	1
3	2	1	2	2	2
4	2	2	2	1	1
5	1	1	1	2	2
6	1	2	1	2	1
7	1	1	2	1	2
8	1	2	2	1	1
9	3	1	1	1	1
10	3	2	1	1	2
11	3	1	2	2	1
12	3	2	2	2	2

$L_{16}(4^4\times2^3)$

列号	试验号						
	1	2	3	4	5	6	7
1	1	2	3	2	2	1	2
2	3	4	1	2	1	2	2
3	2	4	3	3	2	2	1
4	4	2	1	3	1	1	1
5	1	3	1	4	2	2	1
6	3	1	3	4	1	1	1
7	2	1	1	1	2	1	2
8	4	3	3	1	1	2	2

续表

列号	试验号						
	1	2	3	4	5	6	7
9	1	1	4	3	1	2	2
10	3	3	2	3	2	1	2
11	2	3	4	2	1	1	1
12	4	1	2	2	2	2	1
13	1	4	2	1	1	1	1
14	3	2	4	1	2	2	1
15	2	2	2	4	1	2	2
16	4	4	4	4	2	1	2

$L_{27}(3^{13})$

列号	试验号												
	1	2	3	4	5	6	7	8	9	10	11	12	13
1	1	1	1	1	1	1	1	1	1	1	1	1	1
2	1	1	1	1	2	2	2	2	2	2	2	2	2
3	1	1	1	1	3	3	3	3	3	3	3	3	3
4	1	2	2	2	1	1	1	2	2	2	3	3	3
5	1	2	2	2	2	2	2	3	3	3	1	1	1
6	1	2	2	2	3	3	3	1	1	1	2	2	2
7	1	3	3	3	1	1	1	3	3	3	2	2	2
8	1	3	3	3	2	2	2	1	1	1	3	3	3
9	1	3	3	3	3	3	3	2	2	2	1	1	1
10	2	1	2	3	1	2	3	1	2	3	1	2	3
11	2	1	2	3	2	3	1	2	3	1	2	3	1
12	2	1	2	3	3	1	2	3	1	2	3	1	2
13	2	2	3	1	1	2	3	2	3	1	3	1	2
14	2	2	3	1	2	3	1	3	1	2	1	2	3
15	2	2	3	1	3	1	2	1	2	3	2	3	1
16	2	3	1	2	1	2	3	3	1	2	2	3	1
17	2	3	1	2	2	3	1	1	2	3	3	1	2
18	2	3	1	2	3	1	2	2	3	1	1	2	3
19	3	1	3	2	1	3	2	1	3	2	1	3	2
20	3	1	3	2	2	1	3	2	1	3	2	1	3
21	3	1	3	2	3	2	1	3	2	1	3	2	1
22	3	2	1	3	1	3	2	2	1	3	3	2	1
23	3	2	1	3	2	1	3	3	2	1	1	3	2
24	3	2	1	3	3	2	1	1	3	2	2	1	3
25	3	3	2	1	1	3	2	3	2	1	2	1	3
26	3	3	2	1	2	1	3	1	3	2	3	2	1
27	3	3	2	1	3	2	1	2	1	3	1	3	2

$L_{27}(3^{13})$二列间的交互作用表

列号	列号												
	1	2	3	4	5	6	7	8	9	10	11	12	13
	(1)	3 4	2 4	2 3	6 7	6 7	5 6	9 10	8 10	8 9	12 13	11 13	11 12
		(2)	1 4	1 3	8 11	9 12	10 13	5 11	6 12	7 13	5 8	6 9	7 10
			(3)	1 2	9 13	10 11	8 12	7 12	5 13	6 11	6 10	7 8	5 9
				(4)	10 12	8 13	9 11	6 13	7 11	5 12	7 9	5 10	6 8
					(5)	1 7	1 6	2 11	8 13	4 12	2 8	4 10	3 9
						(6)	1 5	4 13	2 12	3 11	2 10	2 9	4 8
							(7)	3 12	4 11	2 13	4 9	3 8	2 10
								(8)	1 10	1 9	2 5	3 7	4 6
									(9)	1 8	4 7	2 6	3 5
										(10)	3 6	4 5	2 7
											(11)	1 13	1 12
												(12)	1 11

$L_{27}(3^{13})$表头设计

列号	因素数						
	1	2	3	4	5	6	7
3	A	B	$(A\times B)_1$	$(A\times B)_2$	C	$(A\times C)_1$	$(A\times C)_2$
4	A	B	$(A\times B)_1$ $(C\times D)_1$	$(A\times B)_2$	C	$(A\times C)_1$ $(B\times D)_1$	$(A\times C)_2$

续表

列号	因素数					
	8	9	10	11	12	13
3	$(B\times C)_1$			$(B\times C)_2$		
4	$(B\times C)_1$ $(A\times D)_2$	D	$(A\times D)_1$	$(B\times C)_2$	$(B\times D)_1$	$(C\times D)_1$

参考文献

[1] 邓勃. 数理统计方法在分析测试中的应用. 北京：化学工业出版社，1984.

[2] 罗旭. 化学统计学基础. 沈阳：辽宁工业出版社，1985.

[3] 祝国强. 医药数理统计方法. 北京：高等教育出版社，2004.

[4] 郑用熙. 分析化学中的数理统计方法. 北京：科学出版社，1986.

[5] 刘振学，王力. 实验设计与数据处理. 北京：化学工业出版社，2015.